YouTube致富聖經

衝高流量與財富的秘密，
你想知道YouTube的一切都在這裡！

YouTube Secrets
The Ultimate Guide to Growing Your Following and
Making Money as a Video Influencer

尚恩・康奈爾（Sean Cannell）、班傑・戴維斯（Benji Travis）
著
陳莉淋
譯

WEALTH & DREAM 18

YouTube 致富聖經

衝高流量與財富的秘密,你想知道YouTube的一切都在這裡!

YouTube Secrets: The Ultimate Guide to Growing Your Following and Making Money as a Video Influencer

作　　者	尚恩・康奈爾(Sean Cannell)、班傑・戴維斯(Benji Travis)
譯　　者	陳莉淋
特約編輯	張維君
封面設計	柯俊仰
特約美編	顏麟驊
主　　編	劉信宏
總 編 輯	林許文二

出　　版	柿子文化事業有限公司
地　　址	11677臺北市羅斯福路五段158號2樓
業務專線	(02)89314903#15
讀者專線	(02)89314903#9
傳　　真	(02)29319207
郵撥帳號	19822651柿子文化事業有限公司
投稿信箱	editor@persimmonbooks.com.tw
服務信箱	service@persimmonbooks.com.tw

業務行政　鄭淑娟、陳顯中

首版一刷　2025年4月
定　　價　新臺幣480元
Ｉ Ｓ Ｂ Ｎ　978-626-7613-25-2

YouTube Secrets © 2018 by Sean Cannell, Benji Travis.
Original English language edition published by Bond Financial Technologies Holdings, LLC 3909 S. Maryland Pkwy., Suite 314, PMB 65, Las Vegas Nevada 89119, USA.
Arranged via Licensor's Agent: DropCap Inc.
All rights reserved.
Traditional Chinese edition copyright:
2025 PERSIMMON CULTURAL ENTERPRISE CO., LTD

Printed in Taiwan 版權所有,翻印必究(如有缺頁或破損,請寄回更換)
特別聲明:本書的內容資訊,不代表本公司/出版社的立場與意見,文責概由作者承擔。

臉書搜尋:60秒看新世界
～柿子在秋天火紅 文化在書中成熟～

國家圖書館出版品預行編目(CIP)資料

YouTube致富聖經:衝高流量與財富的秘密,你想知道YouTube的一切都在這裡!/尚恩・康奈爾(Sean Cannell)、班傑・戴維斯(Benji Travis)著;陳莉淋譯. -- 初版. -- 臺北市:柿子文化事業有限公司, 2025.4
　面;　公分. --(WEALTH & DREAM;18)
譯自:YouTube Secrets: The Ultimate Guide to Growing Your Following and Making Money as a Video Influencer
ISBN 978-626-7613-25-2(平裝)

1.CST: 網路社群 2.CST: 網路行銷 3.CST: 電子商務

496　　　　　　　　　　　　　　　　　　114000997

本書獻給〈Video Influencers〉和〈Think Media〉社群。
你們犧牲奉獻、充滿活力和努力不懈的故事，
每天都激勵並鼓勵著我們。
我們可以一起透過網路影音的力量來影響世界，
而我們很感激這趟旅程有你們相伴。

| 推薦序 |
在快速變動的時代裡，航向希望吧！

李文成／歷史作家、YouTube「故事方成式」、
熱門 podcast「一歷百憂解」主持人

在理想與夢想逐漸沒有分界的時代裡，懷才不遇將不會再發生！

如果從歷史的角度看，向來勝利者的共同特質，都在於能準確掌握時代脈動，並且積極迎接巨浪的人，大航海時期固守歐洲本土、發動義大利戰爭的法國，就在下一階段裡失去像西班牙一般稱霸全球的機會，而這個剛剛完成收復聖地的半島政權，則僅僅用了半世紀不到的時間，就成為了人類史上第一個日不落國，這就是對航海技術工具與經驗的落差，進而導致的國力差距。

而文明與經濟自工業革命以後正在全力加速。身處一個變動極為快速的時代裡，就如同安迪沃荷所言，每個人在未來都有十五分鐘的機會被全世界看見。

與大航海相比，如今網路這片大洋，早已有無數成功的冒險者，找到了屬於他們的波托西銀礦，挖回了令人瞠目的資源。然而，與十六世紀時到達新大陸上竭澤而漁的探險者不同，網路不僅觸及面向更廣，未來的可能性更是取之不盡。

無論你是教育工作者、科技從業工程師、金融專家還是公務員，我們都可以是每個網路使用者學習經驗、獲取知識、分享資源的寶庫，如何透過網路平台使得這樣的互利互惠能夠長久運作，絕對是人工智慧遍及的新世代裡，每個人都應該擁有的思維。

比起過往，在現有體制內空耗熱情，網路世界能夠透過既定的營運模式，將知識變得更有價值，並且讓你我的專業，成為使用者與提供者在更往上一階獲取更多資源的管道。

　　本書的兩位作者，分別是尚恩・康奈爾：一位全球收視率極高的 YouTube 策略師、百萬 YouTuber、《富比士》評選「20 大必看」YouTube 頻道的主持人，還坐擁超過 200 萬訂閱者；與班傑・戴維斯：他在 YouTube 上的影片已被觀看次數超過 10 億次，訂閱者更是超過 400 萬。

　　過往所謂的富可敵國，也莫過於此吧！與一般成功雞湯書最大的不同是，尚恩與班傑在書中分享更多的是他們創業初期的困境，讓所有想要展開行動的你我，可以更具體的衡量自身條件與可能遭逢的挑戰。而同時，他們也提出了 7C（7 大基石）理論，作為破解窘境的秘笈，看他們如何在製作影片、流量低落，以及預算短缺的困境中，最終完成史詩級的逆襲，寫下屬於他們的傳奇。

　　變現？想紅？其實我們只是讓自己的才華能夠在更大的舞台上被看到。一起閱讀《YouTube 致富聖經》，也一起加入創作者的行列，讓我們在快速變動的時代裡，讓自己也能乘上「創作」這艘能航向希望的諾亞方舟吧！

打造自媒體的七大基石

鄭俊德／閱讀人社群主編

不久前兒少大未來問卷調查，小學生喜歡職業前十名，其中包括電競選手（第二名）、直播主（第三名）、程式設計師（第五名）、電腦動畫（第七名），都與「網路世代」有關。

這本書對於嚮往踏入自媒體、成為 YouTuber 的人來說，是一本非常實用的指南。書中提到，要成為一個成功的 YouTuber，必須建立在七個基石之上，這些基石不僅是成為創作者的核心，也是檢視資源與能力的重要指標。以下我整理並分享這七個基石的內容及我自身經營網路社群的體悟：

1. 勇氣：先做再說，勇敢啟動你的夢想

每個成功的自媒體人，都是從「先試試看」開始的。儘管一開始流量可能不高，按讚數也不多，但只要堅持並相信自己，一定會吸引到喜歡你的人。勇敢地對世界發聲，相信你的特質會讓你與眾不同。

2. 明確：找到你擅長的領域

在摸索的過程中，你會發現自己擅長的領域，並逐漸了解觀眾喜歡什麼樣的內容。清楚地知道自己的目標與方向，從自己的期待與觀眾需求中找到交集，打造雙方都滿意的內容。

3. 頻道：為你的內容打造一個家

選擇適合的曝光平台，決定內容的呈現形式。例如短影音可以控制在 1 分鐘內，YouTube 影片可以是 3 至 10 分鐘，甚至更長。依據內容屬性，找到適合的頻道平台，讓你的作品觸及到最精準的受眾。

4. 內容：不斷打磨並持續創作

無論設備是簡單的手機還是專業的攝影器材，關鍵在於持續創作。只有持續地產出，才有機會被更多人看見與搜尋，也才能夠讓內容逐步提升並成長。

5. 社群：建立信任與互動

經營社群不只是發佈內容，還需要與觀眾建立深層互動。例如回應留言、舉辦線上活動、小型禮物分享或實體見面會，這些都能增加觀眾對你的信任與支持。

6. 現金：找到商業模式

優質內容的持續創作需要資金支持。無論是產品變現、廣告合作，或是服務收費，試著思索你的內容如何實現永續經營，讓你能全心投入內容創作，並提升質量。

7. 習慣：讓觀眾習慣你的存在

固定發佈時間與穩定的內容價值，能夠讓觀眾記住你，並且產生依賴。當你持續提供歡笑、知識或成長支持時，觀眾會成為你的忠實粉絲。

《連線》雜誌創辦人凱文‧凱利曾提出，只要找到 1000 名鐵粉，認同你的產品或服務，你就有足夠的支持，開啟穩定的創作者之路。這七個基石正是幫助我們邁向這個目標的最佳策略。

如果你有成為 YouTuber 的夢想，不妨從這七個基石開始實踐，勇敢邁出第一步。另外，關於執行策略以及更多細節，留待你閱讀本書後去實踐，我相信只要你透過持續努力和創作，你一定可以有機會打造出屬於自己的成功頻道！

打造你的數位舞臺，
從掌握 YouTube 成功密碼開始

鄭緯筌／《經濟日報》數位行銷專欄作家、
世新大學新聞系兼任講師

在個人品牌崛起的時代，每個人都在尋找自己的舞臺，而 YouTube 無疑是這場數位革命中的焦點之一。在臺灣有一句話說：「三百六十行，行行出狀元。」在現今的媒體格局中，我們或許可以補充一句：「百萬訂閱，人人可達成。」然而，這一切並不是空口說白話，數位創作的世界雖然充滿機會，但也伴隨著激烈的競爭與挑戰。當你開啟鏡頭，按下錄影鍵時，是否曾問自己：我要如何讓自己的內容在眾多的影片中脫穎而出？

這是一本由尚恩・康奈爾和班傑・戴維斯合著的實用指南，專為那些希望在數位浪潮中發聲、在藝術與商業的交匯處找到自己位置的創作者而寫。這本書就像一位導師，帶你了解 YouTube 的生態，為你解答可能面臨的每一個疑問，並且告訴你如何一步步建立屬於自己的數位品牌。

在我翻開這本書的第一頁時，就被他們「7C 框架」的實用性所吸引，那不是高深莫測的理論，而是一套可以立即實踐、簡單卻極具威力的策略。

作為一名作家、講師與數位顧問，我深知如何吸引注意力和如何傳遞價值是現代內容創作者面對的最大課題。在過去的幾年裡，我不僅教導學生如何撰寫有說服力的內容，也協助企業打造數位行銷策

略。而這本書提供的觀點，無論是對個人品牌經營者、內容創作者，甚至企業 YouTube 頻道的負責人，都有著相當的啟發與幫助。

本書的一大特色在於它充滿了實際案例，這些案例中的創作者，很多都不是專業的影片製作者，而是憑著熱情與策略實現了從 0 到 100 萬訂閱的蛻變。本書告訴我們，每個人都可以成為創作者。在過去，我們可能需要昂貴的設備和專業的製作團隊，但今天，智慧型手機和免費工具就能讓我們踏上這條路。真正的挑戰在於，你是否有清晰的定位與持續創作的熱情，而這本書將告訴你如何一步步去實現。

我深刻知道創作是一場馬拉松，而不是短跑。書中多次提到，Consistency（持續性）是成功的關鍵。兩位作者提醒我們，YouTube 並非一夜成名的平臺，而是一個需要耐心經營的長期事業。他們的案例研究顯示，那些能夠穩定發布影片的創作者，最終都能建立起自己的觀眾群。

這一點對臺灣的創作者尤其重要。在我們這個多語言、多文化的市場中，創作者面臨著兩種壓力：一方面要面對在地觀眾的挑剔需求，另一方面要與國際創作者競爭。但我相信，只要你能找到自己的聲音，並持之以恆地創作，YouTube 的機會大門永遠敞開。

換言之，這本書不僅是一部技術指南，更是一部鼓舞人心的創作之書。它告訴我們，在這個數位時代，每個人都有機會成為內容創作者，無論你是專業的藝術家，還是分享生活的小人物，只要你有熱情和堅持，都可以利用 YouTube 實現自己的價值。

對臺灣讀者而言，這本書不僅提供了進軍國際市場的策略，也讓我們重新思考，如何在自己的文化背景中找到獨特的聲音。

這是一本實用且充滿啟發的著作，我衷心推薦每位想踏上數位創作之路的人翻閱此書，為自己的創作旅程找到方向與力量。

目錄

推薦序　4
前言　13
開始進入之前⋯⋯　17

PART 1　創造成功的 7 個基石　29

1　勇氣：不要怕，先衝上去　31
2　明確：弄清楚想要什麼，
　　從期待的「成果」出發　41
3　頻道：為你的內容建造一個家　55
4　內容：持續被需求，持續被搜尋　63
5　社群：不只是「互動」，還有「信任」　71
6　變現：如何將你的內容變成錢　83
7　持續且一致：讓觀眾習慣，努力邁向成功　101

PART 2　策略　111

8　打造你的完美影片　113
9　好的、壞的、醜陋的社群媒體：
　　控制它，而不是讓它控制你　131

10　可發現性：自動吸引理想觀眾　145

11　合作：讓你的觀眾成倍增長　155

12　蹭！：讓趨勢和熱門話題拉你一把　167

13　團隊：擴大你的夢想　177

14　換個角度思考：沒有「一定得這麼做」　185

15　新的YOUTUBE：「短」，讓你賺更多　193

最後的秘訣和策略　217

附錄

　附錄1：常見問題　223

　附錄2：●自我評估表　229

　　　　●當我製作完一支影片上傳後，
　　　　　我還應該做什麼事？　231

| 前言 |

YouTube 仍然是最具主導地位的社群媒體平台。

這並不是我們的個人意見,而是事實。根據皮尤研究中心(Pew Research)的最新資料,大約有 81% 的美國人使用 YouTube,使用 Facebook 的比例則為 69%,而且 YouTube 的使用者在全球依然持續顯著地成長。

當我們撰寫本書的第一版時,我們已經體認也觀察到 YouTube 對我們及他人的人生將帶來改變生命的力量。我們有預感,YouTube 將繼續發展,未來幾年也會出現更多機會。

在我們看來,YouTube 仍然為日常創作者提供了大量機會,幫助創作者們建立社群、用內容影響人們,並透過建立和發展成功的頻道,在家中賺取令人難以置信的收入。

然而,事實證明我們的夢想還不夠遠大。你將在本書「開始進入之前……」單元(見第 17 頁)中讀到新資料,顯示 **YouTube 的發展將迎來新一波的動力,並有望在未來十年內對全球造成廣泛影響。因此,機會將比以往任何時候都還多!**

當然,我們完全明白新的創作者也將面對嚴重挑戰。

確實,你可能不禁會納悶:「現在開始一個新頻道會太晚嗎?不會有太多競爭者嗎?」

你或許已開始發佈影片,但因為觀看次數為 0、覺得沒人對你的內容感興趣而感到挫折。

或許你已經受困於發展停滯期。

或許你因為試圖搞懂相機科技和影片編輯，而感到不知所措。

你可能缺乏自信，而且你不斷告訴自己：「我不夠聰明、不夠有經驗，或是不夠有天分在 YouTube 上取得成功。」

如果你感覺沮喪、倦怠或是遭受打擊，我們不會責怪你。在 YouTube 上發展一個頻道，除了一般習以為常的挑戰外，我們才剛經歷一場全球大流行病，現在還在面對經濟衰退、持續的醫療保健挑戰、極端的政治分歧、通貨膨脹，和就業市場的巨大變化。

雖然你可能已經被擊倒，但不必灰心喪氣，因為每一次危機都可以是任何人的人生轉機。**現在地球上超過半數人口都在使用社群媒體**。那場全球大流行病改變了我們的文化和習慣，導致社群媒體和線上影片的消費激增，引發數位和線上購物的大爆炸。

正如一位專家所透露的：「在未來幾年裡，我們將回顧 2020 年，那是改變一切的時刻。數位和電子商務產業在 COVID-19 危機期間蓬勃發展，沒有其他地方像這些產業一樣出現前所未有且無法預見的成長。」

我們都從經驗中了解了這一點，有些從來沒有使用過網路購物的人們，在流行病期間被迫使用這個功能。突然之間，即使是我們的父母和祖父母，也都學會透過網路及應用程式去訂購日常雜貨、衣物、藥物和其他項目。這導致電子商務的顯著增長，並隨著線上購物日益普遍，未來幾年存在著更大的成長空間。

快速成長的電子商務產業價值已經高達 4 兆美元，所以經濟機會巨大。正如我們將在第六章中深入討論的那樣，隨著線上購物增加，YouTube 創作者將擁有更多賺錢的機會，這種機會稱作「聯盟行銷」（affiliate marketing），而它是創作者在 YouTube 上實現財務成功的主要方式之一。

這也意味著，你可以從 4 兆美元的產業中分得一杯羹，而且既然全部都是線上的，你就可以在世界的任何地方利用它。

事實上，很多人已經這麼做了，從我們撰寫本書的第一版以來，數百萬人已經開始自己的 YouTube 頻道，並開始了兼職或全職的 YouTube 生活。

最近的一篇研究更指出，**成為一名內容創作者──是目前成長最快的小型企業類型。**

數不盡的讀者寄給我們電子郵件和私訊，他們已經使用我們書中的原則和策略，去克服恐懼、並開啟自己的頻道。

更有企業主、領導者和專業服務的提供者使用書中「7C」的架構，去發展他們的收入和業務規模，他們之中許多人已經突破 10 萬名訂閱者大關，並且因為達到這一里程碑而獲得了 YouTube 令人垂涎的銀色播放獎牌（Silver Play button）。

許多人也單從 YouTube 就能月入 1000 到超過 1 萬美元，你在本書中將會看到以上種種的故事。

正如你知道的，我們正生活在快速變化的時代，而 YouTube 在過去幾年內也持續在進化。儘管成功的基礎原則維持不變，但是創作者經濟的平台和整體格局已經改變，這就是為什麼我們決定把《YouTube 致富聖經》第二版進行大規模的內容延伸和擴充。

我們使用新數據、新個案研究和新章節徹底修改這本書，這將讓你在了解目前 YouTube 的運作方式上獲得優勢。

我們調整了一些訣竅，並完全移除幾種過時的策略，而這會讓你更有信心，因為你正拿著一份值得信賴的地圖，幫助你達到自己的 YouTube 目標。

我們正處於 YouTube 充滿新機會的新 10 年，但就如威廉・亞瑟・

沃德（William Arthur Ward）說過的：「機會就像日出，如果你等太久，就會錯過。」

　　因此，請繼續翻閱下去，我們將在你成功通往YouTube的旅途上，一步一步地引導你。

開始進入之前……

當大部分的人想到 YouTube 時，他們想的仍然是貓咪影片、病毒迷因和手作影片。事實上，YouTube 有一個祕密社群，其成員正在把自己的創意轉變成職業、累積大量追蹤者，並且正以自己的方式去創造生活。

CNBC（編註：全名是「美國全國廣播公司財經頻道」，是全球排名第一的商業和金融新聞網絡）最近分享了卡琳娜‧加西亞（Karina Garcia）的故事，她被稱為網路上的史萊姆女王（Slime Queen）。

大約 3 年前，這位 23 歲的女孩把自己曾經的愛好——DIY 史萊姆的影片變成一份全職工作，並且從女服務生變成百萬富翁。雖然她的故事在 10 年前聽起來似乎很瘋狂，但這樣的例子現在卻愈來愈常見了。

想像一下，如果在 10 年前你告訴家人和朋友希望靠當一名 YouTube 創作者維生，你很可能會被他們詰問：「你為什麼不去找一份真正的工作？」今天，毫無疑問地，YouTube 創作者是一份真正的工作，畢竟 YouTube 在 2020 年創造了 197 億美元的收入，其中約有一半是直接進入像你這樣將影片上傳到該平台的普通人的口袋。

根據 SignalFire（編註：創立於 2013 年的科技創投公司）的一篇文章，**一名 YouTube 創作者，已經成為「成長最快速的小型企業類型」**，數以萬計的頻道賺取了七位數的收入，但新數據顯示，超過 100 萬個頻道的收入為六位數，而數百萬個頻道的收入為五位數，所有這些數字預計在未來幾年內將會翻倍。

順帶一提，廣告收入只是 YouTube 創作者透過其內容獲利的方式之一。稍後在本書中，我們將分享你可以使用線上影片賺錢的許多其他方式。

這是一種革命，你可能是第一次聽聞這件事，但它卻是真真實實的機會。每天各行各業的普通人們都能夠感受到根據自己的嗜好、熱情和專業所創造的內容，正在建立影響力、創造收入，並對 YouTube 產生巨大的影響力。

勞拉‧維塔萊（Laura Vitale）熱愛烹飪，她總是夢想著編寫一本食譜。她從一份餐廳工作離職後不久，就創建了自己的 YouTube 頻道，然後和她的先生一起在自家廚房拍攝影片。7 年後，她的頻道成長到足以幫助她獲得美食頻道（Food Network）常任主持人的機會，並且得到食譜的出版合約。現在的她是一名暢銷作家，這在很大程度上可歸功於她累積了 300 萬名訂閱者的頻道，此外，她也成為該平台上最受認可的美食人物之一。

約翰‧柯勒（John Kohler）是一名熱情的園丁，他的頻道〈Growing Your Greens〉是 YouTube 上收視率最高的園藝節目之一。然而，他在 2009 年上傳的第一支影片是一鏡到底，解析度低、沒有編輯，他本人甚至沒有在影片中出現，但他打從心底熱愛園藝。在發佈了 1500 支影片，得到 1 億次以上的總觀看次數，以及 80 萬名的訂閱者後，他對影片有了更多的了解，但更重要的是，他正利用自己的頻道發展他的核心事業──銷售榨汁機。

還有格倫‧亨利（Glen Henry），也就是〈Beleaf in Fatherhood〉的創作者，他是一名擁有四個孩子的父親，從發佈影片到部落格記錄他的育兒歷程起家。經過幾年的努力，他對 YouTube 一致且持續學習的承諾得到了回報。他有機會與多芬（Dove Men + Care）合作，並

與威爾‧史密斯（Will Smith）和尼爾‧派屈克‧哈里斯（Neil Patrick Harri）等名人一起在 Apple TV+ 上拍攝劇情長片〈爸爸〉（*Dads*）。

透過 YouTube，他打造了強大的企業和品牌，並且聘請一支團隊幫助他，使他能執行身為父親的任務、給予母親希望和激勵孩子們。這一切都始於戰勝恐懼和按下智慧型手機的錄影鍵開始。

我們不是說每個人都將因為 YouTube 而變得富有，對一些人來說，那根本不是他們追求的目標。令人興奮的是，**人們從中知道如何利用他們的熱情和愛好創建社群，與志趣相投的人建立聯繫，並為自己和家人賺到收入。**

希瑟‧托雷斯（Heather Torres）就是一個很好的例子，她是有兩名孩子的家庭主婦，她開啟了一個在家自學的頻道與其他父母們分享。她利用空閒時間發佈影片，一年後，她的頻道訂閱者成長到 1.8 萬人以上，而且影片被觀看次數超過了百萬次。結果，她為家人創造了額外收入，並打開了許多機會之門。

現在，你可能會想：「這些人都很早就開始了，現在時機已過。YouTube 已經飽和了，而且競爭非常激烈。」但事實並非如此，來自世界各國、各個年齡、背景和種族的創作者建立了成功且盈利的 YouTube 頻道的例子不勝枚舉。

YouTube 是 2020 年網路上訪問量第一的網站！有大量觀眾正在尋找新的創作者和新鮮的內容。這就代表現在是開始的好時機，別再拖延了。

此外，你可能會以為所有成功的 YouTuber 都擁有創業資金，畢竟你可能缺少資金購買那些讓電視節目看起來很專業的昂貴設備，但好消息是，你什麼都不需要。

今日，想製作引人注目的 YouTube 內容所需的全部設備，都在你

的口袋裡，就裝載在你的智慧型手機中，這是可以創作並上傳高畫質、甚至是 4K 影片的設備。

有些人害怕自己沒有創造 YouTube 內容的天分，**但天分並非 YouTube 的頭號需求，熱情、興奮、有趣、資訊、教育和回答人們的問題等要素更加重要**。今日，最成功的創作者，並不像好萊塢明星那樣富有才華；事實上，他們之中許多人在日常生活中是相當內向的，但是他們對於自己創作的內容充滿熱情。這才是 YouTube 的真正秘密，如果你有足夠的熱情幫助他人，並且能夠激勵人們以保持他們的興趣，那麼你就已經準備好了。

成功的 YouTube 影響者只是你每天所看到的普通人，但他們關心某些事，並且在一個主題上發展出一些技巧或知識，無論是健身、信念或是清除家中的多餘物品，任何種類的興趣或嗜好都可以變成有價值的內容，不需要酷炫的編輯或是卓越的才華。

為什麼要拍影片？

一般來說，我們都偏好與自己認識、喜歡和信任的人們互動與做生意。透過網路聯繫的問題，在於難以當面看著某人的眼睛、與他們有實際的對話，以及判斷他們的臉部表情，對於部落格來說尤其如此，音訊內容亦同。這就是為什麼我們相信影片絕對是傳達所有訊息的最佳方式之一。

透過影片，觀眾更容易去認識並信任你。最成功的 YouTuber 都擁有固定的觀眾群，他們感覺自己與這些 YouTuber 們發展出友誼。只有**影片**才能夠如此吸引人，並使人們感覺有真實的互動。

有人說過:「一幅圖像勝過千言萬語。」但是,Forrester Research（編註:是美國一家提供獨立的研究、數據和諮詢服務的公司)的數位行銷專家詹姆士・麥克奎維（James McQuivey）估計,**1 分鐘的影片內容等同於 180 萬字。對於任何擁有資訊、夢想、事業、品牌或想要向世界傳達某件事物的人來說,影片是最有效率的方法。**

影片同時也在瘋狂成長,幾乎每個社群媒體平台都採用影片做為其首選工具。你能想到任何一個還沒有整合影片的社群媒體平台嗎？事實上,現在被觀看的影片內容比以往任何時候都還要多。

統計數據顯示,美國所有網路使用者中,85% 的人每個月會使用他們的設備觀看線上影片,而自從本書第一版發行以來,這個數據已經增加了 30%！

YouTube 上的競爭增加了嗎？當然。但需求也增加了！近期資料顯示,對於影片內容的需求正快速成長,人們觀看線上影片的時間正在提高,而且所有目前的跡象都顯示,這個趨勢將會持續下去。36 歲以下的觀眾在線上觀看影片的時間已經超過電視等傳統廣播媒體的時間。據估計,到了 2022 年,全球 82% 的網路流量將來自影片串流和下載。

為什麼是 YouTube？

為什麼 YouTube 是創造影響力的最佳影音平台？根據最新的統計數據,全世界的影片分享平台擁有 23 億用戶,這相當於北美總人口數的 4 倍。

Youtube 還是僅次於 Google 的第二大搜尋引擎,每個月接收到的

搜尋量，比起 Microsoft Bing、Yahoo、AOL 和 Ask.com 合起來還多。YouTube 的觀眾每個月在平台上觀看超過 10 億小時的影片。計算看看，如果地球上每個人都觀看影片，那麼每人每天看影片的時間便是 8.4 分鐘。

此外，**Google 擁有 YouTube，所以搜尋是其核心功能所在，這使得 YouTube 與其他社交媒體平台產生了區別**。Facebook、Twitter、Instagram 和 Snapchat 都不是搜尋引擎，因此 YouTube 在被找到和建立自己的網路影響力方面，都具有明顯優勢。

YouTube 不僅能輕易使用，而且在一百多個國家／地區進行了在地化，這意味著該平台可以適應每個市場的不同語言。此外，它可以使用八十種不同的語言存取，範圍從世界上最多人講的語言，如英語、西班牙語和中文，到鮮為人知的亞塞拜然語（Azerbaijani）、高棉語（Khmer）和寮語（Laotian）。

無論你的業務、品牌、興趣或嗜好是什麼，都會有一群目標觀眾正在搜尋你的 YouTube 內容，可能是某人正在尋求有關種植更健康的番茄建議；或是如何化出煙燻眼妝；或是加密貨幣的知識；或是如何節稅等等。

YouTube 提供機會，讓你能夠立刻接觸到全世界的觀眾。

除了提供機會，YouTube 也提供大量免費工具幫助你創造內容，而且，YouTube 不存在經濟上的阻礙。你可以免費上傳無限量高畫質，甚至是 4K 內容到你的頻道上。試想 20 年前，要使訊息傳播給世界各地的觀眾有多麼困難：你可能必須購買電視播出時間，這會需要一大筆花費。YouTube 已經使競爭環境完全公平化，擁有智慧型手機的普通人可以在功能豐富的平台上接觸到整個世界，但千萬不要把這一切視為理所當然，即使你已經獲得了歷史上最佳的外展機會之一。

YouTube 也很大方。根據我們的經驗，如果你想透過影片內容獲利，YouTube 提供了最能賺錢的機會，最明顯的方式是透過廣告賺取，Google 會與內容創作者分享利潤，但這並不是唯一的獲利方式。品牌通常會付費將其產品顯示在 YouTube 的頁面上，因為他們信任這個平台。事實上，**品牌贊助商將會是你的頻道最大的賺錢機會之一。**

新數據也顯示，儘管面臨全球新冠病毒大流行的挑戰，YouTube 經濟仍然令人難以置信的健康和強勁。2020 年，加入 YouTube 合作夥伴計畫（YouTube Partner Program，YPP）的新頻道數量是前一年的兩倍以上！

如同蘇珊・沃西基（Susan Wojcicki）在《Inside YouTube》文章中所透露的那樣：

> 創作者們正在建立下個世代會影響整體經濟成功的媒體公司。根據 Oxford Economics 的報告，2019 年，YouTube 的創意生態系統為美國的國內生產毛額（GDP）貢獻了約 160 億美元，相當於提供 34 萬 5000 份全職工作。同樣的影響也能在其他國家中發現。2019 年，YouTube 替英國的國內生產毛額貢獻約 14 億英鎊，相當於 3 萬份全職工作；而在法國，估計貢獻 5.15 億歐元，相當於 1 萬 5000 份全職工作。

沒有其他社交媒體網絡能夠提供如此輕鬆的收入分享，YouTube 的品質或基礎設備更是難以取代。每一天都有愈來愈多人正在建立具影響力且有利可圖的頻道。2010 年，YouTube 5 歲生日時，只有 5 個頻道擁有 100 萬個訂閱者。

快轉到今日，已經有超過 2 萬 3000 個頻道的訂閱人數達到 100

萬。這個數字仍在持續快速成長中,根據 Think with Google 統計,今年訂閱人數超過 100 萬的頻道比起去年增加了 75%。你可能很驚訝有如此多人把他們的頻道轉變成真正的工作和全職事業,但是它確實正在發生。

我們的起點

你可能會問:「尚恩和班傑是誰,是什麼讓他們成為 YouTube 的專家?我為什麼要聽他們的話?」

十多年前,我們第一次見面時,我們都已經在 YouTube 上有幾年經驗,但當時我們的經濟狀況也正處於人生的最低谷。之後幾年,由於 YouTube 提供的機會,我們才得以創造全職收入,並透過個人的努力,建立起蓬勃發展的七位數收入事業。班傑透過視訊直播為慈善事業募集 200 萬美元,並透過 Vlog 獲得了 Google AdSense 和品牌贊助的收入。

班傑是從幕後開始,而且當時沒有任何影片製作經驗,他與妻子茱蒂一起拍攝 Vlog 已有十多年,他們獲得超過 180 萬名訂閱者及 10 億次的影片觀看次數。他已經能夠把自己的熱情轉變為七位數收入的事業。

至於尚恩,他是一個小鎮孩子和大學輟學生,從自己的臥房開始拍攝影片(順帶一提,那些影片真是糟透了)。到了今時今日,他的 YouTube 頻道〈Think Media〉已經擁有超過 180 萬名訂閱者,而且變成 YouTube 成長最快的新創公司之一,收入超過八位數。

6 年前的某一天,當時我們正在討論一些我們從建立個人頻道中

所習得的見解與教訓，我們突然有個想法，希望能跟世界上的其他人分享這個資訊，本書就是那個決定的成果。

當然，在開始傳授給他人之前，我們希望測試並證明我們的框架和理論是有效的，因而創建了〈Video Influencers〉頻道。在本書第一版出版前，〈Video Influencers〉的觀看次數增加到 1000 多萬次，而訂閱人數則成長到 25 萬人，但是成長並未就此停止。今天，〈Video Influencers〉的訂閱人數已經超過 66 萬人，影片數量超過 575 部，而且產生超過 3200 萬次的影片觀看次數。

我們的故事和其他 Youtuber 的成功故事有許多相似之處。我們是對某些事情懷抱熱情的普通人，透過持續傳遞那個主題的價值，我們累積了一群觀眾。我們的成功並非來自於超級有才華，它是來自於分享基本原則，任何人都可以遵循這些原則，並透過線上影片建立影響力和收入。

在本書中，我們將展現任何人都可以使用來接觸觀眾、賺取金錢、建立企業或個人品牌，並且向世界分享他們資訊的路徑、原則、提示、步驟和策略。我們學到的教訓來自於我們兩人在此平台上 20 年的綜合經驗，以及我們對一百多位、各行各業的成功 Youtuber 們所進行的訪談。

可以期待什麼？

所以我們該從何處開始？本書的第一部分，我們想要與你們分享自 2008 年以來就一直對我們有用的 7 個基石步驟。我們提供的所有步驟都將是實用的，沒有任何步驟會超越普通人的理解或技能程度。

儘管隨著時間，平台會有所改變，但是我們的 YouTube 成功基本 7 步驟框架永遠有用。

當人們試圖在網路上建立自己的影響力時，大家常犯的最大錯誤之一就是專注於短期策略，而那些短期策略卻非整體凝聚力策略的一部分；因此，第二部分，我們將介紹目前可以增加 YouTube 影響力的具體策略和秘密技巧。

本書已針對 YouTube 的新 10 年進行更新，因此你可以確保獲得最佳資訊。此外，我們還增加兩個新章節幫助你取得勝利。

最後，我們將在〈附錄 1〉分享一些市面上最棒的資源，包括影片、書籍、網站、工具和應用程式（app），另外，我們也將回答一些最常被詢問到、有關於 YouTube 和線上影片的問題。

（編註：除了原書作者的架構及資料，針對中文版讀者，我們另外在每一章的最後再強調提列「注意」要項及「重點整理」。同時擷取書中精要，增加〈附錄 2〉，提供「自我評估表」及「當我製作完一支影片，上傳後我還應該做什麼事？」，給想加入 YouTube 的人一個整理，作為快速參考應用。）

這些問題的主題包含何時以及如何擴展你的業務、發展你的團隊、挑選適合的相機、應對黑特（hater）與酸民（troll），以及成為日常生活 Vlogger 的建議。

為了充分利用本書，我們的建議如下：先完整閱讀一遍，讓你了解我們所發展的凝聚力策略。然後當你創建自己的 YouTube 頻道，把它當作一本參考資料，深入研究具體要點。我們也在本書中介紹需要進一步訓練的影片連結，所以你可以得到下一階段的訓練。

我們相信任何人都可以透過我們提供的策略，利用 YouTube 創造出兼職，甚至是全職的收入，並且擴大他們的影響力、建立社群，同

時提高產品或品牌知名度。也許你只是希望某個理想、慈善機構或非營利組織獲得更多的曝光度，又或者你可能希望替自己的愛好創建一個社群。你的夢想是財務自由嗎？你的夢想是成為明星嗎？無論如何，我們都為你提供實現這一目標所需的技術。具體來說，這意味著更多訂閱者、更多追蹤者，和更多收入。

我們無法保證你將變成一位知名的 Youtuber，但是我們可以分享我們成功的原則，以及我們從一些今日最頂尖的 YouTube 頻道創作者身上所學到的秘密。本書的最後，如果你願意付出努力，你將獲得一份全面而簡單的指南，幫助你為自己創造成功。

因此，請翻開下一頁，讓我們一起進入幫助你實現在 YouTube 上成功的核心策略吧！

PART 1

創造成功的 7個基石

本書的第一部，我們將分享創造一個成功 YouTube 頻道的必要基石。我們稱這些基石為「7C」：勇氣（Courage）、明確（Clarity）、頻道（Channel）、內容（Content）、社群（Community）、變現（Cash）和持續性（Consistency）。

你將學到一切，從尋找頻道背後的靈感到創建和發佈內容的具體細節。

接下來，每一章節中我們都會特別介紹真實的 YouTuber，並且分享〈Video Influencers〉訪談的故事。透過這些範例，你將會看見把這些基石付諸實踐時會是什麼樣子，這樣你就可以開始讓它們就定位，以此創造你自己的成功故事。

| 1 |

勇氣
不要怕,先衝上去

「你不必等到夠優秀了才開始做，而是你開始做了才會變得優秀。」

——吉格・金克拉（Zig Ziglar）

是什麼阻礙了人們開始使用 YouTube？主要是恐懼，那是一種驚慌失措的感覺。他們害怕什麼？被評斷；收到仇恨和負面的評論；在某件事上付出努力，但卻沒有得到任何回報⋯⋯

超越恐懼最快速的方法就是開始行動。就放膽去做吧！有些恐懼是有道理的，你可能會受到負面和酸民的攻擊，所以請做好面對現實的心理準備。但最終，你必須堅持下去，因為根本不開始比起失敗更加糟糕。

很久以前，班傑承諾如果他替自己每年 12 月的慈善活動募得某個金額，他就要去跳傘。他從來沒有嘗試過，所以他承擔了一個風險。沒想到真的成功募得目標款項，所以我們兩人出發前往華盛頓州的斯諾霍米須（Snohomish），一起爬上一架小型的螺旋槳飛機。

我們對那架小飛機的爬升速度感到震驚，當我們抵達適當的高度後，教練打開艙門，人們開始一個接一個地往下跳。不用說，我們簡直嚇壞了，萬一出了什麼差錯呢？萬一我們的降落傘沒有打開呢？

而當我們站在那裡變成石頭時，教練提醒我們，無論如何，沒有人可以中途跳出飛機，你要嘛現在就跳，不然就不要跳了。於是，班傑先跳，看見他跳下去並沒有增加尚恩的信心，如果有，也只是令他更加害怕，但處理這種恐懼的唯一方法，就是加入跳傘的行列。

從飛機上跳下去——那是「非常有感覺」的事——你會不斷翻轉

和旋轉，但降落傘終究會張開，一旦它打開了，恐懼感也隨之消散。最終，我們明白一切都會沒有問題，而且我們很慶幸自己有堅持度過這一切。

YouTube 的經驗與跳傘相似，克服所有最初恐懼和焦慮的唯一辦法，就是堅持並且撐下去。如同 Nike 的老口號：「做就對了（Just Do It）！」；或者像古老的諺語：「勇氣並非無懼，而是面對恐懼並願意做出行動。」

一開始你在鏡頭前可能會顯得很笨拙，有些人會給你負面的評論，**你有很多東西得學，所有這些情況都一定會發生，所以請下定決心去克服它們**。現在 YouTube 頻道上的任何一個創作者都曾是新手，從來沒有製作過影片，而且也沒有訂閱者，每個人在社群媒體上都是從零開始，但是他們鼓起勇氣開始發佈和上傳內容。這就是我們一開始所做的事，也是你必須做的事。

找出你的「為什麼」

探究你的「為什麼」可以幫助你克服恐懼。賽門・西奈克（Simon Sinek）在他著名的書籍《先問，為什麼？顛覆慣性思考的黃金圈理論，啟動你的感召領導力》中寫道：「**人們不相信你做了什麼，而是相信你為什麼這麼做。**」這句話替創建 YouTube 頻道找到一個強大的理由。

你希望透過你的產品和服務去鼓舞、激勵、教育或幫助誰？你想要娛樂哪些人？釐清這一點，並將這些人放在最重要的位置，這將幫助你克服自己。

動機（motive）是幹勁（motivation）的字根，所以請找出一個比創建你的頻道會面臨的所有挑戰都更大的動機。

培養心理準備

培養心理準備至關重要，如果你害怕自己會得到仇恨評論，請準備好面對它們，並接受它將會發生。負面評論會發生在每位 YouTube 創作者身上。阻止它們的唯一方法是完全關閉評論，但這會阻礙人們的參與。從另一角度來說，負面評論也是 YouTube 美麗的一部分。人們可以同意也可以不同意你，你的內容愈呈現兩極化，人們就愈強烈地表達他們的觀點。所以，接受這個事實吧！

真正地說，恐懼永遠不會完全消失，但是它的確會隨著時間而減小，尤其是當你愈來愈習慣之後。班傑創作他的第一支影片時——牛排烹煮教學——看起來絕對只有驚慌失措能夠形容。他焦慮觀眾會如何看待他的想法，使他無法表現出自然、優雅的自己。隨著時間的推移，當他明白有人喜愛他的內容、重視他的影片並且想要看更多時，他在鏡頭前就顯得自在多了。面對恐懼的結果，讓他光是一個食物頻道就超過 2000 萬次的觀看。

如果你需要一點點鼓勵才能開始，歡迎上網，尋找班傑的第一支影片，然後再看看現在的班傑：TubeSecretsBook.com/FirstVideos。

尚恩從 2003 年開始為他的教會製作影片。最初，他為了青年團契而在每週三製作影片；一年後，他也開始幫週日的服務製作影片。因此每週會有兩部影片，一年就是 104 部，距離他開始製作 YouTube 影片已經很久了。截至今日，他已經創作並上傳了超過 2000 部影片。

他的自信來自於創作內容的全然重複。儘管如此，他有時仍然會焦慮人們對影片的反應。在那些時候，記得他的「為什麼」能幫助他直接面對恐懼並繼續前進。

即使是經驗最豐富的網紅也很難擺脫恐懼的影響。班傑有個好朋友，他擁有非常成功的事業。他開始在YouTube上傳影片以推廣事業，隨著時間的進展，這些影片幫助他的事業發展為一個價值數百萬美元的成功案例。然而，一段時間後，他不再上傳影片。當班傑問他為什麼時，他說儘管事業蒸蒸日上，但是他收到的負面與仇恨評論摧毀了他的熱情與創意。他不幹了！

我們分享這個故事並不是想打消你的動機，我們只是想要重申一個事實：即使是經驗豐富的內容創作者也都必須處理這個問題。班傑的朋友並沒有做好心理準備，所以最終那些評論的壓力超出他所能承受的範圍。

我們的另一個好朋友坎蒂・強森（Kandie Johnson）從2009年開始創立YouTube頻道，現在她的追蹤人數已經達到數百萬。當談到仇恨評論時，她認為其實應該要換個角度思考，才能掌握意料之外的「真實」。

事實上，當她回應仇恨評論後，她通常會得到道歉或懺悔作為回報。**許多「酸民」告訴她，自己從來沒有期待她會去看他們的評論，而且他們通常會承認，那些恨意其實源於自己生活中目前正在經歷的某些事，很少仇恨評論是有關真正內容或對她的負面評價。**

對於新手創作者來說，這是個巨大挑戰，關於這一點我們毫不訝異。這就是為什麼我們第一章的標題為「勇氣」的原因。如果你對某件事充滿熱情、喜歡幫助人們，並且知道這就是你想要做的事，請鼓起勇氣克服消極和酸民，看到需要並想要你的內容的廣大社群。

充滿勇氣的社群

當你鼓足勇氣開設自己的 YouTube 頻道，讓自己被充滿勇氣的社群圍繞是很重要的。朋友和家人可能無法了解你想要在 YouTube 上建立影響力的夢想。他們輕則會對你的熱情感到冷漠或困惑，更嚴重的情況下，他們可能會主動嘲笑你。此時，你可以培養耐心；除此之外，請找到支持你且在你經歷風風雨雨時仍可以持續關心和激勵你的人圍繞在你周遭。

我們寫這本書並創建頻道的原因之一是：我們可以組成一個志同道合、了解 YouTube 文化的〈Video Influencers〉所形成的支持社群。我們鼓勵你去參加見面會和會議；與 Facebook 群組或線上論壇中的相關社群及其他影片創作者建立聯繫。當你面對挑戰時，這些人都能提供你力量。

練習：你的動機

作為練習，請仔細思考以下問題：

- 你創作 YouTube 內容的動機是什麼？
- 透過網路影片，你希望達成什麼目標？
- 你對頻道的憧憬是什麼？
- 以及你的願景：可能你希望為家庭創造額外收入；可能你希望向人們傳達特定訊息；或者你可能希望以特定的嗜好或議題為核心，嘗試創建一個由志同道合的人所組成的社群。

一旦你有了這些問題的答案，我們建議你把答案寫下來，並且貼

在你時常可以看見的某個地方，如此一來，在你的 YouTube 旅程中，你將一直不斷地關注它們。

你的答案必須清楚明白，任何時候，當你害怕、懷疑或沮喪時，看看那些答案，並且提醒自己什麼才是最重要的事。**回歸初心**，如此你便可以設法度過困難並繼續創建頻道。

畢竟，現在不採取行動的機會成本是多少呢？如果你曾問過任何一位 YouTube 創作者他們是否希望自己提前 10 年開始，幾乎所有人都會表示肯定。即使他們已經算是成功，他們也會告訴你希望自己可以更早開始。

如果你現在不開始，10 年後的你會怎麼想？老實說，創立 YouTube 頻道的最佳時間是在 2005 年，但是次佳的時間點就是現在。所以，你還在等什麼？

迷思1：**YouTube市場已經飽和了。**

事實：根據最新的 YouTube 統計，2021 年影片分享平台在全世界擁有 23 億用戶，而成長速度還在加快，所以一定有你活躍的空間！

迷思2：**我沒有足夠的金錢。**

事實：近來，你可以用一般的智慧型手機進行拍攝、編輯和上傳 YouTube 影片，只要你能連上網路。所以，忘掉那些花俏的設備和昂貴的裝置吧！

迷思3：**我必須超級有天分（才華）。**

事實：YouTube 最重要的是為觀眾創造真實的價值。如

果你可以做到，你就能成功。從現在開始，然後不斷發展你的技能。

迷思4：我沒有足夠的時間。

事實：一週只要幾小時，你就可以建立一個內容一致的成功 YouTube 頻道。

迷思5：我沒有足夠的社會連結。

事實：這與內容有關，與社會連結無關。你必須要做的，就是創建有意義的內容並讓它可以被取得（看到）。

迷思6：某人的頻道已經用了我的想法。

事實：如果某人已經拍了你想要拍的影片，就證明它是有市場的。麥當勞不是唯一的速食漢堡餐廳，同性質的速食有數百家。為什麼？因為人們愛吃漢堡。所以，即使其他人的頻道已經涵蓋某個主題，你也可以在該主題上取得成功。

▶ **注意！**

會怕也沒關係，閉上眼睛往下跳就對了！恐懼是阻擋你前進的原因，不論是跳傘還是開始 YouTube。想要成功？現在就從鼓起勇氣找到關鍵的「為什麼」開始，記得不要害怕黑特與酸民，持續向前。

重點整理

- 害怕站在鏡頭前、害怕對著鏡頭說話、害怕沒有人願意看你的影片嗎？只有一個方法可以快速超越恐懼，就是立刻開始行動。
- 酸民或是負面評論令人退卻，但是……
  第一，很少仇恨評論是有關真正內容或對你的負面評價。
  第二，不要把爭議當作壞事，你會看見更多人願意加入你的議題。
- 你想知道成立 YouTube 頻道最好的時機？就是現在！

| 2 |

明確

弄清楚想要什麼，
從期待的「成果」出發

「從最終結果開始，逆向工作，讓你的夢想成為可能。」
——韋恩・戴爾（Wayne Dyer）

當你前往機場領取機票時，你的心中必定有個目的地。你不會走到售票櫃台前說：「請給我一張機票，到任何地方都好。」不幸的是，這是多數人看待自己 YouTube 頻道的心理。如果你不知道自己要前往哪裡；如果你心中沒有目標，你最終會到達一個根本不想去的地方。

在你的旅程中的某個時刻，最好是在一開始，你就必須問問自己：「我建立 YouTube 頻道的目標是什麼？」你是否想提高業務的銷售額？你是否希望建立觀眾群？你的目標是變得有名嗎？你想圍繞最愛的嗜好建立一個社群嗎？你只是想用它作為一個發揮創意的出口嗎？

定義你想從 YouTube 得到什麼，並且將其當作你頻道的基礎。

3 個 P

我們經常聽到「我真的不確定我的頻道主題應該是什麼？」或「我創作 YouTube 影片的目的應該是什麼？」**假如你在尋找 YouTube 頻道的主旨或目的上經歷困難，我們建議你創建一個結合你的熱情（passion）、精通（proficiency）和利益（profit）的頻道。**

麥克・海亞特（Michael Hyatt）在他的《把想要的人生找回來：改變失衡、挫敗、貧乏的生活，從設計人生劇本開始》一書中談到第

一個 P：**熱情**。他寫道：「為了發現你對什麼事充滿熱情，問問你自己願意免費做什麼事。」

什麼事會讓你感到開心，那件事並非短期利益，而是你堅信且關心的事？

你喜愛什麼？

什麼能夠維持你的興趣？

什麼令你著迷？

你是學什麼的？

你讀什麼種類的書？

它是一個真正的熱情還是只是當下的好奇？

你得認真思考這一點，因為YouTube是場馬拉松，而非短跑衝刺。它是一項艱苦的工作。如果你對於你的頻道沒有熱愛與熱情，將很難在建立 YouTube 影響力的高低起伏過程中維持你的動機。

但只有熱情是不夠的，你也需要第二個 P：**精通**。

你在哪方面發展出真實的技巧？

其他人尊敬或承認你哪方面的能力？

當尚恩年輕時，他在他的教會實習多年；有一陣子，他希望未來能從事音樂事工。他喜愛唱歌，而且他希望演奏吉他，甚至還開始上課學習。然而，他很快就發現他在那方面並沒有天分。他很有熱情，但是他無法精通。

另一方面，約翰·科勒（John Kohler）是一位擁有近 80 萬粉絲的 YouTuber，他不僅熱衷於園藝，而且隨著時間的推移，他也積累了堆肥、菜圃、榨汁和沙拉等主題上的專業知識。他研究並學習有關園藝的一切，園藝是他一生的工作，他把這份熱情和專業作為在 YouTube 上獲利的工具，而他正在蓬勃發展。約翰的 YouTube 頻道並

非為了直接賺取金錢；相反地，他創建 YouTube 內容來促進觀眾購買他榨汁機公司的產品。

熱情和精通之後的第三個 P 是**利益**。如果你擁有熱情與精通，但是該領域沒有市場，那麼你所擁有的只是嗜好，如果這就是你想要的，那也無所謂。然而，如果你正嘗試利用 YouTube 累積一份全職的收入，那麼你所選擇的主題就必須存在市場。你或許應該做些市場研究，確保你可以擁有一群觀眾，否則你可能沒有成功的希望。

為了建立可持續發展的事業，你三者都需要：熱情、精通和利益。如果你缺乏任何一項，成功可能遙不可及。如果你擁有某個領域的相關知識，而該領域有市場，但是你對該領域卻沒有熱情，那麼你最終可能會厭惡自己的成功。如果該領域有市場，而且是你的熱情所在，但是你還沒有精通，你可能不會成功。但是，這不代表你必須成為世界上最有知識的人；你不必是個世界知名的專家，或擁有某個領域的

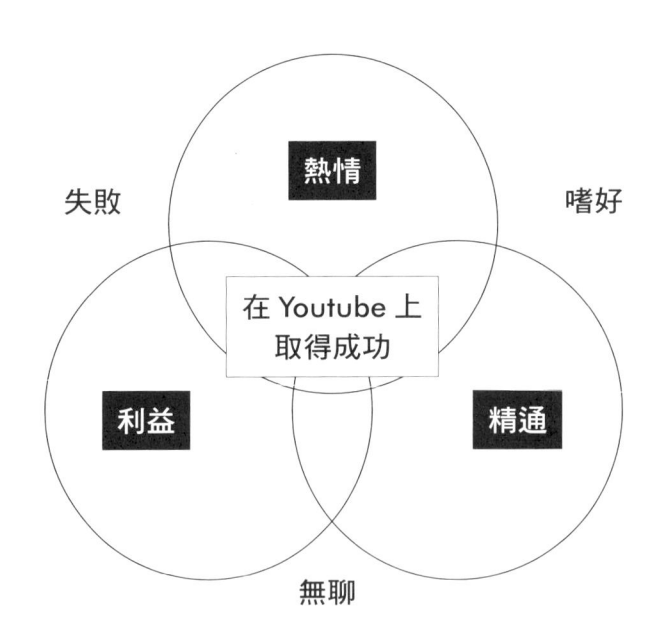

學位。只要從你真實的角度去分享你知道的東西；分享你希望其他人知道的內容，並且從中成長即可。

當你結合熱情、精通和利益，就會找到的利基，而且你將離定義最終目標更近一步。

找出你擅長的領域

當我們開始創建〈Video Influencers〉後，我們的首要目標是幫助人們發現網路影音和 YouTube 能夠改變生命的力量。我們必須問問自己：「要如何才能接觸到最多的人？」最初，我們認為傳遞資訊的最佳方式是透過書籍，但後來我們的眼界擴大了。因此，我們擱置了這本書，然後開始建立〈Video Influencers〉的 YouTube 頻道與社群媒體帳號，接著，我們發佈內容。

想要用我們的訊息去影響人們，就必須引起人們對這個主題的關注、認識和興趣。因此，我們設定的目標是：在出版實體書籍前，我們的 YouTube 頻道應該達到 10 萬名訂閱者，以及 2 萬 5000 人訂閱電子報。這樣一來，當我們推出這本書時，就已經擁有一個具有影響力的社群了。

然而，頻道的發展遠遠超出了我們的預期。事實上，〈Video Influencers〉的 YouTube 頻道目前擁有超過 65 萬名訂閱者，而且有超過 10 萬人訂閱我們的電子報。看到這麼多人發現線上影片的巨大機會，並且採取行動去建立自己的影響力與收入，我們感到很興奮。

我們從第零天就設定了最終目標，並且利用逆向工程創建實現目標的必要步驟。

我們使用三個 P ——熱情、精通與利益——執行了困難的工作、建立我們的觀眾，結果也隨之而來。

找出你的特定區域代表知道自己想要達到的終點，這樣你就可以創建屬於你自己的路線圖。

內容要明確

艾瑞克・康諾弗（Erik Conover）想要全職環遊世界，但是他負擔不起。他決定透過製作 YouTube 影片賺取金錢。他擁有電影製作的經驗，所以他利用這項技能實現最終目標。

他首先以紐約市（他當時居住的地方）的熱門景點去創作部落格影片，設定的觀眾群為旅客。然後，他利用新的觀眾展開旅程，一開始是自己支付旅行費用，最終則是用他的 YouTube 收入不斷去旅行。

2 年內，艾瑞克的觀眾從零成長到 30 萬人，而他現在的生活就是他對旅行的熱情與精通的結合。

當你有一個那樣的明確焦點，你的一切行動都將驅使你朝著最終目標前進。艾瑞克知道自己不適合一般朝九晚五的工作型態，他想要環遊世界，那就是他努力的方向。他不想開一個惡作劇頻道或製作喜劇小品，因為那些事並不會驅使他實現最終目標。

現在，他與世界各地的旅行社合作，獲得《財富》雜誌所評比的世界 500 大企業的贊助，並以作為旅遊影片部落格的網紅而蓬勃發展。而且，他的發展並未就此停止。

自本書第一版出版以來，他的訂閱者已經成長到超過 170 萬人，獲得與美國航空（American Airlines）和 Google 合作的機會，還與萊恩・

瑟漢特（Ryan Serhant）在 Bravo 的電視劇〈Million Dollar Listing〉中一起演出。這就是確定你的內容、忠於承諾和保持一致的力量。YouTube 革命正以前所未有的速度在發展！

梅蘭妮・漢姆（Melanie Ham）經營一個絎縫和鉤針編織的頻道，一開始的目標很簡單：在丈夫從軍期間能在家賺錢。

她對絎縫和鉤針編織充滿熱情，而且也精通這類手工藝──雖然她從未經過正式訓練。她決定在網路上分享自己知道的東西，並且發展 YouTube 的觀眾群。

現在她經由 YouTube 廣告以及販賣自己的數位產品獲得收益，她販賣的產品與頻道直接相關。由於明確的重點、最終目標，以及三個 P 的交集，梅蘭妮現在透過 YouTube 為她的家人賺取了可觀的收入。

一旦你釐清了自己 YouTube 頻道的定位，以及你想要前往的方向，你就必須回答兩個重要問題。第一，誰是你的目標觀眾？第二，你將提供給他們什麼？

誰是你的「目標觀眾」？

你的頻道內容的觀眾群是誰？

回答「每個人」是個錯誤。事實上，那將會導致失敗。如果你試圖連結每個人，那麼最終你會接觸不到任何一個人。針對與你有共同興趣的族群，因為他們將會與你的內容有所互動。

以艾瑞克・康諾弗為例，他的目標觀眾可能是喜愛觀看旅遊影片部落格的人們。但是，同樣的這些人很可能不會跳到梅蘭妮・漢姆的頻道去觀看絎縫的教學。

艾瑞克與梅蘭妮都擁有一群特定的觀眾觀看每一部上傳的影片，這就是他們兩人成為成功 Youtuber 的原因。

當定義你的目標觀眾時，問問自己以下問題：

他們年齡多大？

他們的嗜好為何？

他們對什麼感興趣？

他們來自哪裡？

他們屬於哪些團體或利基社群？

這聽起來違反常理，但 **YouTube 的成功來自狹隘的焦點**。事實上，一開始你的目標觀眾愈小，成長速度將愈快。

---

10 個問題，幫你找到目標觀眾

1. 他們是女性、男性還是兩者皆是？
2. 他們年紀多大？我們建議挑選的範圍與你本身的年齡差距在 5 歲以內。
3. 他們的職業或專業類型是什麼？
4. 他們的熱情是什麼？
5. 他們會拜訪的前三名網站為何？
6. 他們追蹤的前三名 X（前推特 Twitter）、TikTok（抖音）、Instagram，和 / 或 Facebook（臉書）的頁面是什麼？
7. 他們可能在 YouTube 上觀看的前三名網紅是誰？
8. 他們的社交情境是什麼？結婚、單身、有沒有孩子、家庭等等。

9. 他們的年收入在哪個範圍？
10. 他們可能會將可支配收入花在哪些產品或服務上？（書籍、數位產品、嗜好花費等等。）

你將提供給他們什麼？

一旦縮小了你的觀眾群，你就必須決定自己將提供什麼服務給他們。你多久會上傳一次影片？一週一次還是兩次？一個月一次嗎？你會提供娛樂、教育、靈感或動機？

請在紙上寫下你的答案並事先思考。

如果你在電梯上有 20 秒的時間向陌生人推銷你的 YouTube 頻道，你會如何推銷？告訴他們可以期待什麼、這個頻道是針對誰的、為什麼他們應該感興趣、它將如何為他們的生活增加價值，以及它為什麼重要。許多 YouTube 頻道從未成長，因為他們的創作者從來沒有花時間去定義目標觀眾，也沒有想出一個清楚的目標、價值或為什麼人們應該關心他們頻道內容的原因。

想像在你的影片另一邊的人。他們上 YouTube，在搜尋欄位打入某些文字。他們正在尋找什麼？他們在尋找什麼內容？他們可能有什麼問題是你的 YouTube 頻道能夠回答的？

不要忘記，YouTube 首先是一個搜尋引擎。你必須清楚自己想要回答的問題，以及你將提供給世界的價值。設身處地為觀眾著想，你就能找到問題並成為答案。

成功故事

　　班傑對烹飪非常著迷，因此開始了他的食物頻道。就算他沒有在 YouTube 上分享熱情，他也會到其他地方分享。要知道，他完全是自學，從未接受過正式的廚藝訓練——他甚至沒有在餐廳工作過——但是他大半輩子都在煮飯，所以已經相當精通熟練。他想要與其他喜愛食物並且對烹飪有熱情的人們交流，這就是激勵他創建 YouTube 頻道的理由。

　　現在回想起來，他非常開心自己這麼做了，因為他的頻道現在已經擁有超過 35 萬的訂閱者，而他的食譜影片的觀看次數已經超過了 2600 萬次。

　　為了建立他的觀眾群，他必須透過製作受歡迎的食譜內容來與他人連結。他從來沒有正式將自己歸類為一個「提供指引」的廚師。他只是分享精彩的食譜、更深入研究食品產業並建立自己的觀眾。隨著時間的推移，他成功地透過廣告、品牌交易和其他方式來獲益。

　　除此之外，他的 YouTube 頻道提供前所未有的機會與經驗。不久前，他在西雅圖最好的餐廳——Canlis 獲得獨特的經歷。因為他在 YouTube 上建立的美食聲譽，餐廳老闆來到他的桌旁，邀請班傑和他的妻子進入酒窖。在那裡，他們被允許飲用一瓶稀有的香檳，以及品嚐桶裝的稀有蘇格蘭威士忌。

　　在另一個場合中，班傑則被邀請進入牛排館的廚房體驗傳奇的 Montague 烤爐。那通常是保留給知名主廚或美食頻道明星的體驗。

　　我想告訴你，這一切並非只關於賺錢。你永遠不知道在 YouTube 上建立自己的影響力後會為你帶來怎樣的機會、關係或經驗。除了搞清楚你的**數字**外，你也應該釐清自己想要創造哪種生活方式。班傑希

望的是一種圍繞著他對食物的熱情的生活方式：每天自由地採買、烹飪和享受美味的食物，並且以此謀生。

由於班傑既擁有熱情又精通食物，因此品牌希望與他合作推銷自家產品。他利用這一點，在自己的頻道上創建與贊助商直接相關的部分。舉例來說，他有一個名為「Tea Tuesday」的片段，他在裡面談論自己最愛的茶。這部影片讓他收到大量免費的茶。

近20年來，尚恩致力於影片製作。他曾使用、購買和研究相機，在此過程中累積真正的專業知識。他完全是自學而來，但是他發現自己有能力自然且權威地談論關於相機和影片的事。

因為如此，他成為那些沒有時間仔細閱讀使用手冊的人們取得建議和解決方案來源。

尚恩在他的YouTube頻道〈Think Media〉上把他的專業知識轉換成5分鐘的指導影片。他的目標是幫助人們找到最好的相機、燈光和影片製作教學。

在此過程中，他透過一系列收入策略成功地替自己賺得全職收入，時至今日，〈Think Media〉擁有超過180萬名訂閱者，而他的影片已經被觀看了1.5億次。

〈ToThe9s〉頻道的凱西（Cassie）和里奇（Ricci）是受益於明確性的絕佳範例。當他們於2014年創建頻道時，就像其他許多人，對於成為平台上的影響者只是抱持著普通興趣，但是很快地，他們的頻道內容就充滿了他們對於時尚的熱情。

儘管多年來他們上傳過許多不同類型的內容，但是他們仍然維持著對時尚的關注。

在製作300部影片、獲得3900萬觀看次數和61萬7000名訂閱者之後，他們證明了自己在做正確的事。除了將YouTube作為他們的

全職事業外，他們還與許多贊助其內容的時尚品牌合作。最近，他們的合作夥伴是加拿大愛迪達（Adidas Canada）。

他們在 Instagram 上有一個粉專——@weareto-the9s——他們在上面會突出顯示追蹤者所上傳的照片。透過展示粉絲的內容，使他們能夠在 Instagram 上累積超過 5 萬 7000 名追蹤者。他們的強力且集中的聚焦和明確訊息讓普通觀眾變成了狂熱的粉絲。

當我們首次與凱西和里奇見面時，他們的長期目標是為了時尚而旅行。他們的成功，使他們能透過全球數十萬粉絲的支持來達成這個目標。

或許他們可能會想嘗試一些不同的東西，去追逐時尚以外的趨勢，但他們仍會保持自己的明確性。即使是他們的日常影片部落格也包括挑選衣服和在服飾店購物等內容。

能夠弄清楚自己想要什麼、想做什麼，那會是一種力量，而清楚了解你的最終目標，將有助於你對實現目標的步驟進行逆向工程。

一旦你知道自己的最終目標、定義了自己的觀眾群和設定你的焦點，就是時候透過創立自己的頻道和製作內容，去展開你在 YouTube 上的旅程了。

▶ **注意！**

想成為 YouTube 的大明星？用有價值、有創意的影片展示你的熱愛、專業與明確目標，使勁地牢牢抓住觀眾的眼球。把普通觀眾變成你的狂熱粉絲，鑽進他的生活，讓他們不能沒有你，那麼你就成功了！

重點整理

- 用 3 個 P，熱情（passion）、精通（proficiency）和利益（profit），幫你建構頻道。
- 記住：你擅長、喜歡的事，才能幫你賺到錢。
- 做好以上兩件事後，回答兩個重要問題。
  第一，誰是你的目標觀眾？
  第二，你將提供給他們什麼？
- 設定你想要的目標，反向推演達到目標的路線圖。
- 你的頻道內容必須非常明確，盲目跟隨潮流，或是更改路線是最糟糕的事。

3

頻道
為你的內容建造一個家

「你永遠不會有第二次機會給人留下第一印象。」
——威爾・羅傑斯（Will Rogers）

大家都喜愛派對，誰不愛？沒有什麼是比美味的食物以及與家人、朋友共度愉快的時光更棒的了。

然而，當你第一次邀請客人來家裡時可能會很有壓力，因為你希望讓他們留下良好的第一印象。所以，你會怎麼做？你會試圖把家清理乾淨；你會擺上裝飾，然後，你會確定所有一切都準備周全以歡迎你的客人們。

同樣地，你的 YouTube 頻道也是你的內容之家，所以請確定它會歡迎你的客人並使他們留下一個良好印象。

第一步當然是創建你的頻道。你的 YouTube 頻道很像一個網站，而這意味著，你可以對它進行個人化、自訂並使之成為充滿你個人特色的頻道。

另一個思考你 YouTube 頻道的好方法是將之比喻為電視頻道。如果你喜愛運動，你會看 ESPN；如果你喜愛喜劇，你會看 Comedy Central；如果你喜愛音樂和娛樂，你會看 MTV。我們鼓勵你將影片視為頻道上的節目。就如同一個電視頻道，你的 YouTube 頻道應該擁有一些可以轉化為一個凝聚品牌的宏大想法。

任何時候，當某人觀看了你其中一支影片，他們會考慮訂閱整個頻道。這就是品牌的重要性。每部影片都應該能讓人們很好地了解整個頻道所提供的內容。**你的頻道目標和熱情愈清楚明確，獲得訂閱者的可能性就愈大。**

踏出第一步

建立 YouTube 頻道最酷的地方在於它完全免費。你所需要的只是一個 Gmail 帳號。如果你還沒有 Gmail 帳號,那就建立一個吧,接著註冊你的 YouTube 頻道,就是這麼簡單。

你必須為你的頻道挑選一個名稱。如果你想要宣傳個人品牌,或是個人專精的技能,這個頻道名稱可以像你的名字和姓氏一樣簡單。許多成功的頻道都這樣做過。另一個選擇是賦予你的頻道一個創意品牌或商業名稱。描述得愈仔細愈好,因此請考慮將頻道主題作為名稱的一部分。這樣會使你的目標觀眾更加明確。

以〈Nerd Fitness〉為例,它是專為遊戲玩家、怪胎和書呆子設計的一個健身頻道。它很好的將主題與目標觀眾群結合在名稱當中。〈Epic Meal Time〉製作人們食用諸如兩萬大卡的巨無霸千層麵之類的驚人影片。這些頻道的名稱都完美符合它們的內容。

在取頻道名稱上卡關了嗎?參考這部〈Video Influencers〉上面的影片吧:TubeSecretsBook.com/NameIdeas。

使用你的 YouTube 頻道名稱作為網站的網址是個好主意,即使你現在沒有馬上要使用它。因為你可能會取得突破性的成功,所以需要準備好一個網址。同樣地,**請確保註冊一個與你頻道名稱相同的社群媒體使用者名稱,在其他任何人使用之前搶得先機。**

當我們想出〈Video Influencers〉這個名稱時,我們馬上檢查以確保可以取得該網址並購買它。然後,我們上 Instagram、X 和臉書這些主要的社群媒體平台,並且在上面註冊我們的使用者名稱。

萬一你無法取得想好的網址或社群媒體使用者名稱呢?不要被卡在這裡。這種情況不代表你不應該使用頻道名稱,只要挑選最接近

的使用者名稱即可,接下來要做的就是放寬心。舉例來說:我們無法取得 @VideoInfluencers 作為 X 的使用者名稱,因為字母數超過了一個,所以我們選擇以 @VideoInfluencer 替代。它不會因此破壞我們的成功,當然也不會破壞你們的。你主張的名稱必須盡可能與你的頻道名稱接近,請從最一開始就這麼做,並且繼續下去。

經由你的頻道、網站和社群媒體資料去保護你的名稱,你也是在保護自己未來可以獲得的機會。你甚至可以研究商標。你一開始或許很微小,但是某天,如果你的頻道紅了,你可能會想要推廣產品和做許多現在從未想過的事。

因為我們相信〈Video Influencers〉會出名,而且我們想要保護自己的品牌,所以我們在頻道什麼內容都沒有時就購買了我們的商標。這樣一來,如果有一天我們決定推出服裝系列或其他產品,我們就有辦法做到。

打造「吸引力」

現在,你已經創建了一個頻道,也挑選了名稱,接下來,你還必須完成幾個關鍵步驟。

第一,選擇一個**虛擬形象**(avatar),那是在你頻道名稱旁邊的小圓形圖像。如果它是你的個人頻道,請找一張好看的大頭照;如果它是一個品牌,你可能會使用一個 Logo。無論你選擇什麼 Logo,請確保它很清楚,而且能夠吸引觀眾的目光與興趣。

第二,YouTube 頻道的**封面藝術**。這是頻道頁面頂端的主要視覺設計,它會賦予人們對頻道內容的第一印象。

當某人開啟你的頻道頁面，你最多只有 5 秒鐘的時間來形成他們對你的看法。你的封面藝術必須抓住他們的注意力並產生正確的印象。確保它傳達出這個頻道適合誰、內容關於什麼，還有為什麼它對此觀眾很重要。在生活中，你只有一次機會給人留下第一印象，因此請確保你的封面形象夠強大。

第三，你的頻道頁面需要填寫你的**社群媒體帳號**。YouTube 可以輕易地連結到你所有活躍的社群媒體資料，以及你的網站。

第四，填寫你的「關於」頁面。我們建議不僅要介紹你是誰和頻道的內容，還要清楚闡明人們可以期待從中獲得什麼，頻道可以幫助他們什麼，以及它能提供什麼價值。

有時候，人們在「關於」頁面太聚焦於「我」。他們會寫一些像是：「這個頻道是關於我和我的想法，我認為你們應該訂閱。」我們不建議使用這類的介紹。你應該更常使用「你」，所以它讀起來會像是：「你可以期待輕鬆愉快的影片、鼓勵、直播和娛樂。」

你也可以在這裡放上電子信箱的連結，企業、品牌和其他人就可以與你聯繫合作。你永遠不知道當你在 YouTube 上建立影響力後，前方會有怎樣的機會正等待著你。

第五，你可以在 YouTube 工作室（YouTube Studio）中選擇一部影片做為你的**頻道預告片**，這將成為尚未訂閱的用戶們觀看的第一部影片。

你可以創作一部介紹頻道的新影片，並讓觀眾知道可以期望什麼；也能從已完成的影片中直接挑選一部可以令新觀眾留下最佳第一印象的影片。

你可以不重新創作一段頻道預告片，但至少放上效果最好的影片，這會對你有極大的幫助。

請記住：傳達 YouTube 頻道的外觀、感覺和品牌的主要方式是你的影片、影片縮圖以及井然有序的播放清單。如果你才剛起步，不用太擔心這點，因為你沒有太多影片需要整理。最終，你會希望在你 YouTube 頻道的首頁將你的影片分門別類。

　　舉例來說，在 youtube.com／ThinkMediaTV 上，尚恩和〈Think Media〉團隊製作關於相機和影音設備的評論與教學影片。而此頻道的影片已被分類為「初學者的影片燈光」、「視訊和音訊的最佳麥克風情報」和「傻瓜相機：YouTube 影片的基礎相機知識」等等。每部影片的縮圖都是宣傳頻道外觀和品牌的最強（也是唯一）視覺元素。

　　你可以試著腦力激盪一下，把你的影片分組並歸類到播放清單中的三個類別或更大的主題內。接著，一旦你發佈前幾部影片，你的首頁就會開始活躍起來。

　　利用這些方法最佳化你的頻道，這會使你成為貨架上的可口可樂（Coca-Cola），並與其他可樂品牌之間做出差異。試著比其他人多走幾步路，修飾你的外觀，這樣即使你的影片與其他頻道相似，你的內容卻會更加清楚且卓越。

　　記住，當某人進入你的頻道頁面時，你只有 5 秒鐘賦予他第一印象。多花一點時間，讓你的頻道將看起來近乎完美──而未來的你將感謝這一點。

不要太過焦慮

　　在這個章節，我們鼓勵你思考頻道名稱，並且提供設定頻道頁面的小訣竅。這一切最後都與建立你的頻道與打造你的品牌有關。儘管

這些訣竅和策略很重要，而且我們鼓勵你盡最大的力量去完成，但是千萬不要卡在這裡。畢竟，比起你的頻道名稱或封面藝術，**你的內容更加重要**。在下一章節，我們會告訴你如何創造強大的影片內容，讓它們可以與你理想的觀眾群連結並建立影響力，因此，請翻到下一頁繼續我們的旅程。

▶ 注意！

內容豐富、有創意的影片是不夠的。把你的頻道想成你的房子，頻道名稱、吸睛的封面藝術與預告片是精緻漂亮的門面。記住：觀眾進門之後看到的內容才是最重要的！準備好了嗎？歡迎光臨！請隨意參觀！

重 點 整 理

- 要爭取一個新的觀眾，你只有 5 秒。
- 要用自己擅長的事爭取目標客群。爭取「所有的觀眾」是不可能的事。
- 設計資訊明確、有吸引力的頻道封面，你會吸引到真正需要你的客群。
- 整理一份清楚的影片清單：影片、影片縮圖與播放清單。
- 提供確實的聯繫方式，讓你有機會與其他人合作。

| 4 |

內容
持續被需求,持續被搜尋

「內容行銷（content marketing）是唯一剩下的行銷。」
——賽斯·高汀（Seth Godin）

你曾有過中途把電影或電視劇關掉的經驗嗎？想當然耳，我們都有過。為什麼我們那麼做？

因為它無法吸引我們。

你曾經停止閱讀一本書嗎？（我們希望你不要停止閱讀本書）你停止閱讀的原因是因為它無法留住你的注意力、裡面的資訊不夠好，還是你發現它既不鼓舞人心，也無法引發動機呢？

事實是，如果該內容無法為我們的生活增添有用的價值，我們就會放棄它。可以說，我們正生活在一個影片前 3 秒不夠精彩就會被滑掉的世代。

在 YouTube 和任何其他平台上，**當你創造內容時，價值應該是你的焦點。**

價值可以是透過新聞提供資訊、透過喜劇提供娛樂、教育，甚至是透過影片部落格來連結更深度的個人層面。

除此之外，你還可以激勵和鼓舞人心。人們上 YouTube 是帶著能得到某些東西的期待。當你正在迷惘要創造怎樣的影片時，請想想你希望提供給人們什麼樣的價值。

如果你不是天生就有才華，或看起來不像個超級巨星，或沒有個人魅力，那麼你提供的價值會勝過一切。

對許多普通人來說，YouTube 改變了遊戲規則，因為透過他們創造的內容價值，YouTube 把他們變成了超級巨星。

傳遞價值

優秀的內容能為觀眾的生活增加價值,所以問問自己:「觀眾會得到怎樣的價值?」我們相信每一個內容都應該能提供以下至少一項價值:

新聞與資訊

這包括頻道呈現出有趣的事實、即時新聞、最新的八卦故事,以及世界上的重大事件。它也包括以「前十大」為名的頻道,像是「在希臘必做的十件事」這類的影片。

娛樂

這部分的內容會令觀眾開懷大笑、微笑或哭泣。它是可分享的、有趣的和引人注目的。

教育

可以幫助觀眾解決問題,更擅長於某件事,或是學會一項技巧。

激勵與鼓舞人心

激勵人心和提供動機兩者間密切相關。這些影片能幫觀眾加油打氣、並使他們興奮不已。它們讓人們去思考更遠大的目標或使自我感覺更好,為觀眾的一週增添活力。

連結與社群

無論你創造哪種類型的影片,都必須與觀眾產生連結。與一個社

群的人們有所連結,會讓你的觀眾感覺自己屬於更大事物的一部分,是群體中的一員。

選擇你的內容

你本身最喜歡看 YouTube 上哪種類型的內容?

可能你是個熱愛食物的人,你喜歡觀看人們進食,還是你比較喜歡烹飪節目?或者是其他?問問自己,你最重視什麼,而你想要重新創造它嗎?

更好的是,是否有某種你在 YouTube 上沒看過的內容,或是你喜歡,但是你認為做得不夠好的內容?重新創造其他人正在做的事、或是改良他人的內容是完全可被接受的,但是更厲害的是創造某些新的東西。

無論你選擇什麼,請確保內容與你的親身經驗、技能和才華,以及你的人格特質有所共鳴。不過,要達到那種最佳狀態需要一些自我覺察。

發揮你的優勢吧!你是否比較偏好分析和事實?那麼可以考慮提供資訊性的內容。人們是否告訴過你,你擁有鼓勵別人並使他們感覺更好的自然天賦?若是如此,考慮找到一種方法去激勵和鼓舞人們。你是喜歡讓人們感受到歡迎和包容的連結者嗎?那就專注於建立連結與社群吧!

最棒的內容創作者會結合以上所有價值。YouTube 上的一個流行術語是「寓教於樂(edutainment)」,也就是影片內容結合教育和娛樂,那些做得好的人會非常成功。

最好的內容創作者可以同時提供資訊、激勵人心,達到教育與娛樂目的,以及建立社群。

多久上傳一次新的內容

通常在 YouTube 上是愈多愈好。你愈頻繁地上傳影片，頻道就能得到愈多關注。然而，**規律與一致性永遠更重要**。要記得：在經常上傳影片和維持穩定的內容品質兩者間找到一個平衡點。確保自己能致力於長期發展。

當我們採訪擁有超過 160 萬名訂閱者和 7.7 億觀看次數，以記錄不孕和懷孕歷程的家庭生活 Vlogger ——艾莉（Ellie）與傑瑞德·麥坎（Jared Mecham）時，他們與我們分享了一個在 YouTube 上取得成功的簡單公式，該公式是基於 CQC：品質一致的內容（Consistent Quality Content 的縮寫）。**YouTube 成功的一個共同要素是持續上傳優質的內容。**

如果你計畫在 YouTube 上創建平台並發展自己的品牌，我們**建議你至少每週發佈一次新的影片，創造自己的規律性，讓觀眾能夠期待**。如果你每週可以發佈更多次，並且維持高品質的內容，那麼我們鼓勵你這麼做，但我們相信品質絕對比數量重要。每一部影片都需要帶給觀眾價值。

如果你持續 52 天，每天上傳一部影片，但是那年剩下的日子卻停止不再上傳任何東西，那麼其效益還不如你每週上傳一部影片，持續 52 週。

人們對於成為 YouTuber 和創造內容感到興奮，但是沒多久他們就會精疲力盡。最好將內容分散到較長的時間內，那樣你才能開始看到真正的效果。

請記住：把你的 YouTube 頻道想成是一個電視頻道。你最喜歡的節目每週會在特定時間播出一次，因此觀眾會期待它。**如果你希望與

觀眾之間建立忠誠度、動力和信任感，就需要定期出現，並且每次都提供相同價值。

就像是一檔電視節目，每週最少需要播出一次。如果熱門電視節目突然無法在一週中預計的那一天播出，你認為會發生什麼事？粉絲很可能會非常憤怒，並且對該節目失去信任。但如果這件事發生不只一次呢？這個節目將永遠失去觀眾，因為粉絲們會開始想：「節目是停播了嗎？它還會再播出嗎？」當一檔電視節目失去一致性，人們會忘記它，轉而尋找其他節目，YouTube 也一樣。為了在 YouTube 建立真實的影響力和收入，你必須保持一致。

讓人馬上就想點開看的影片

我們鼓勵你觀看你的專精領域中其他成功 YouTuber 的影片，並且將想法寫下來。你喜歡他們內容的哪些方面？你不喜歡哪些方面？哪些想法或許可以應用於你的內容中？

此外，觀看你專長之外的影片會很有幫助。一些最棒的想法往往是來自於不相關的主題。

內容價值比製作價值更重要。要知道，除非內容有趣，否則世界上最好的相機搭配上最棒的圖片品質並不會對你的觀眾產生影響。如果你的影片沒有價值，那麼不管它看起來多好都不重要。然而，製作價值仍然需要被重視，所以如果你的內容是有趣的，我們也鼓勵你提升自己的製作價值。

列出你想要升級和改進的項目。你希望有一台新相機嗎？你可以改善拍攝時的燈光嗎？你能否更好地裝飾你的家、工作室或辦公室，

使你的內容在視覺上更具吸引力呢？這裡有個指導原則：**永遠從現有的開始，然後隨著時間推移再努力地改進它**。這個原則可以應用於你的內容和製作品質上。

這與你的資源無關，而是與你的足智多謀有關。

如果你已經建立一群觀眾，另一個使你的內容卓越的訣竅是詢問觀眾得到回饋。

觀看者喜歡自己參與其中。成功的 YouTuber 會在回饋中不斷進步，並且向他們的社群學習，了解什麼是好的、什麼是壞的，什麼可以做得更好，同時獲得內容的靈感。

請求人們在評論區提供回饋。一旦你獲得超過 500 名訂閱者，就可以使用 YouTube 社群標籤（Community Tab）這項特色功能，如此一來，你甚至可以考慮在你的 YouTube「社群」標籤上進行調查，或是使用像是 SurveyMonkey 等服務並分享在社群媒體上。

如果你想要打造一個社群，你的內容必須持續與你的粉絲產生共鳴，但是你也必須主動與你的社群連結，所以請翻到下一章，我們將與你分享我們的最佳秘訣。

在發佈你的前幾部影片時遭遇困難嗎？覺得自己真的想不到的好點子，老是在玩爛哏、舊哏？你或許覺得自己的影片一無是處、或是被很糟糕的觀看、觸及率打擊⋯⋯但別擔心，我們可以做你的後盾！請造訪 TubeSecretsBook.com/Ideas 查看免費資訊。

▶ **注意！**

　　無趣的內容會讓觀眾迅速放棄，但不要放棄分享的機會。持續分享可以為生活增添滋味的內容——可以讓人發笑、可以充滿知識、可以激勵人心，或是撫慰最傷心的人。堅持下去不但能開創你的事業，也能夠讓你與粉絲間建立深厚的連結。**重點：絕對、絕對不要放棄更新。**

重點整理

- 記住：我們生活在一個手指滑一滑，就有成千上百部影片可以看的時代。
- 你找到想做的主題，而且很擅長，卻發現別人做過了？沒關係，你可以做出更好、更新的影片！
- 內容最重要——不要讓你的觀眾失望。要重視影片提供給觀眾的價值，這比你更新的頻率更重要。
- 你不需要每天、或是每週更新，但是要定期更新。
- 定期更新能夠建構觀眾的忠誠性，提醒他們訂閱，他們會期待你的更新。
- 獲得 500 名訂閱者，就可以使用 YouTube 社群標籤（Community tab）。

| 5 |

社群
不只是「互動」，還有「信任」

> 「網路正在變成明日全球村的城鎮中心。」
>
> ——比爾・蓋茲（Bill Gates）

　　YouTube 網紅與好萊塢網紅本質上的差異在於你與觀眾間的連結。你和觀眾的關係是建立信任的關鍵，而那種信任則是你會找到機會的地方。

　　我們喜歡看電影。沒有什麼能比一部好電影更好，尤其是在你可以向後躺、翹起腳、讓自己沉浸在動作、喜劇和刺激中的地方欣賞。然而，YouTube 並非如此運作。事實上，觀眾不單單是靠在他們的沙發上吸收內容，相反地，他們會身體前傾並進行雙向對話。因此，僅僅是在 YouTube 上發佈內容是不夠的，你需要建立一個社群。

　　TheVerge 最近一篇文章顯示：YouTube 黃金時段的觀眾數量超過了十大電視節目的總和。Google 的統計也顯示：在美國，YouTube 涵蓋的 18 到 49 歲人口比任何有線電視網絡都來得多。我們可以說：以前那種發佈內容但沒有對話的模式並不適用於目前這一代。

　　所以，你必須創造社群讓自己成長和茁壯。

找到你的社群

　　釐清你的社群裡有誰很重要。首先也是最重要的一點，你的社群包含了你的 YouTube 頻道訂閱者。每個 YouTuber 都希望盡可能擴大自己的訂閱群，你擁有愈多訂閱者，影片就能得到愈多關注，這是進

入下一個階段的主要途徑。在某種程度上，人們觀看你的影片有點像赴一次約會，如果你能讓他們訂閱頻道，你們就從第一次約會進展到一段關係裡了。這意味著觀眾夠喜歡你的內容，所以能定期與你互動，他們想要更新、想要連結，而且他們願意許下承諾。

> **實用撇步**
>
> YouTube 讓人們可以打開自己的頻道通知，所以鼓勵訂閱者點擊那個通知圖示成為超級訂閱者吧！這樣每當你發佈新影片時，他們就會收到通知。
>
> 那個圖示看起來像個鈴鐺，所以如果你可以說服人們按鈴，就像是從第一次約會進展到持續約會，然後訂婚。從商業意義來看，如果有人成為你的客戶或對你進行更深入的投資時，結婚會是最後一步。

如果人們追蹤你的社群媒體平台，而此平台與你的 YouTube 頻道連結，那就能創造出另一個社群層次。願意這樣做的人們相信你的影片有價值，並且想要持續接收到你的內容，但是現在他們也主動參與對話。

邀請你的觀眾在社群媒體上追蹤你，並且讓他們知道你在哪一個平台上最活躍，這樣他們就能夠與你有更深入的連結。如果你可以成功讓他們追蹤，你就等於創造出一群重視互動的觀眾，而這對於頻道的成長至關重要。這就是為什麼在 X 等平台上，回應貼文和轉發貼文功能如此重要的原因。

萬一你的頻道最初沒有任何訂閱者呢？你該如何從零開始去建立一群觀眾？嚴格來說，所有人都是從零開始，所以不要覺得沮喪。

首先，不要想太多，上傳你的第一部影片就對了。**你永遠不會覺得「準備好了」，所以請面對恐懼並按下錄製鍵。**

第二，在你對自己獲得的觀看次數或訂閱人次的成長過於挑剔之前，先承諾至少發佈 30 到 50 部影片。我們知道這聽起來令人畏懼，但要觸發 YouTube 演算法需要時間。我們希望為你何時可以看見一些動量指標設定實際的期待。記住，你的頻道將一次增加一支影片；一次增加一個影片觀看次數，然後一次增加一名訂閱者。調整你的步調，這是一場馬拉松，而非百米衝刺。

第三，持續閱讀。你將會在本書的第二部分學習到更快幫助你的頻道成長的有力訣竅與策略。如果你希望快速得到一些策略以推動頻道成長，可以參考這段影片：TubeSecretsBook.com/StartFromZero。

持續建造你的社群

上傳內容到 YouTube 後，建立社群的最佳方式是邀請人們按下訂閱。永遠記得，提醒你的觀眾訂閱頻道。許多內容創作者都犯了認為觀眾都知道要訂閱的錯誤，事實是，許多觀眾不知道也沒有考慮過訂閱頻道這件事。在每部影片中要求人們按下訂閱鍵的創作者往往擁有較大的觀眾群。

提供觀眾一個訂閱的好理由，不要只是藉由持續要求打擾他們。我們看到網紅們犯下的一個巨大錯誤——他們用聽起來很絕望的語氣，懇求人們訂閱影片，而不是以內容的價值為導向。鼓勵訂閱的好

方法聽起來應該像是這樣：「如果你有從這部影片中學到些什麼，不要忘記按下訂閱鍵，如此一來，你就永遠不會錯過我們每週最新的食譜影片。」使用這種說法，你就不是在懇求訂閱者，而是提供了一個令人信服的理由。

要知道，確保影片對你的觀眾來說有價值，因為人們會感謝你對他們付出的心力。

此外，也要確保你在行動呼籲（call to action）中有告訴他們訂閱後可以從中得到什麼益處，它聽起來可能類似：「訂閱〈Video Influencers〉以獲得更多精彩的訪談影片，就像這支關於如何幫助你的 YouTube 頻道成長的採訪。」提供一個動機或價值主張，讓人們知道你正在建立怎樣的社群。

另一個建立社群的有效辦法是——鼓勵人們評論你的影片。當他們確實評論之後，永遠記得要花時間回應，尤其是剛開始開通頻道的時候。

在〈Video Influencers〉上，我們的每支影片都會提供一則今日問題，然後邀請觀眾在評論區回答。隨著時間累積，反覆這麼做已經使我們在 YouTube 頻道上建立了一個積極參與的社群。

透過評論與你的觀眾互動，可以為彼此創造更深的連結。記住，一個真實的人正在電子設備的另一端花時間評論你的影片。以有意義、感激和有益的方式去回應那些評論，對於在 YouTube 上建立一種強大且正面的名聲和持久品牌來說非常重要。

對話使 YouTube 與其他傳統的媒體（如電視或電影）有所區別。觀眾可以針對每支影片提供直接回饋和意見。他們可以評價、讚揚和批評，這正是 YouTube 美妙的地方。回應社群的每則回饋，你就可以建立自己的部落。

但是單靠 YouTube 評論還不夠，請在其他社群媒體平台上與人們互動。我們把回應每則評論、X 和臉書的貼文、私訊或 Instagram 的直接訊息（DM）設為一個目標。隨著你的平台成長茁壯，這將變得更具挑戰性，但在你的頻道早期階段承諾做到這一點將是個關鍵。這也是那些成功建立社群和無法建立社群的人們之間的不同。

沒錯，這很困難，而且需要花上大量時間。我們知道你很忙，但是**你永遠不應該因為忙碌而忽略粉絲**。沒有任何成功的 YouTube 頻道不需要固定的觀眾群，因此，我們相信每位創作者都應該承諾用各種方法盡可能的與他們的社群連結。

替你的社群命名

許多頂尖的 YouTube 創作者會為他們的粉絲創造一個社群名稱。最大的 YouTube 遊戲影片創作者──PewDiePie 稱他的粉絲為「兄弟（bros）」。家庭 Vlog 頻道──SacconeJolys 稱他們的觀眾為「最友善的朋友（friendliest friends）」。我們以「影響者（influencers）」來稱呼我們的社群。其他個人品牌，像是蓋瑞‧范納洽（Gary Vaynerchuk），稱他的觀眾為「Vayniacs」，而蒂娜‧辛格（Tina Singh，莉莉‧辛格的女兒）則稱她的媽媽大軍追蹤者為「Marmy」。艾蜜莉‧貝克（Emily Baker）原本是一位出庭律師，後來變成全職 YouTube 創作者，她建立了一個自稱「法律書呆子（The Law Nerds）」的熱情社群。

現在，就取一個可以讓粉絲和超級粉絲加入、自詡並與社群和部落密切互動的社群名稱吧！

創造深入連結

如果你想與觀眾進行更深層的連結，可以直接私訊他們或以文字、影片或音訊回覆他們。舉例來說，當有人聯絡尚恩時，他時常會在 X 上用一段影片回覆，而接收者通常會感到震驚又驚訝。另一方面，班傑發現以一段影片去回應 Instagram 的直接訊息是一種建立關係的強大方法。

Facebook、Instagram、X 或你最愛的社群媒體平台都存在著這樣做的機會，而觀眾重視這類直接互動的程度可能與重視你的影片內容一樣高，甚至更高。

我們通常在一段影片中會花 30 到 60 秒，簡單地對特定觀眾表達謝意或回答社群內的問題。當我們這麼做，尤其是當我們指名道姓時，人們會感到被鼓勵、驚訝並開心我們願意付出時間與他們對話。

賈斯汀・邱（Justin Khoe）就是與粉絲建立深度連結的好例子。他的使命是幫助人們踏上信仰之旅以及了解《聖經》。在他的頻道成長初期，他總是安排時間回應每則電子郵件，然後當某人有需要時，他會打電話或用 Skype 通話去聯絡那個人。

除了與人們產生異常深厚的關係外，他在頻道上也接收到有益的回饋。他利用那些回饋去學習更多與他的社群有關的事，從而創造更好的內容。由於他勤奮地成為社群裡的積極成員，他才能夠把 YouTube 轉變成一個全職工作。從那時起算，一年多的時間裡，他就透過群眾募資和觀眾的小額抖內（donate，贊助）累積了全職收入。

深度很重要。要持續尋找方法與社群建立有意義的連結，長期看來，這樣做必定有所回報。當你創造並且培育你的社群，你就在建立信任，而信任和參與會讓你經由忠誠的觀眾產生持續不斷的收入。

成為茱蒂

班傑的妻子,「It's Judy Time」的茱蒂,她是我們第一個觀察到的成功 YouTube 故事。

茱蒂擁有數百萬名訂閱者、上千部影片、超過 10 億次的影片觀看次數,而且使用 YouTube 的年資超過 10 年。她從化妝影片開始,但是現在她也販賣自己的產品,而且直接與 YouTube 合作,同時獲得驚人的成功。

當其他人問我們為什麼她能變得如此有名和成功,我們會回答:「除了內容外,她成功的最主要因素是她與觀眾間建立的信任感。」

在她 YouTube 事業剛起步的最初幾年,當時還沒什麼知名度,她的時間只有一半是花在創作影片上,另一半的時間她都在與觀眾互動。事實上,每天從晚上十點到隔天凌晨兩、三點,她都在與觀眾直接互動。

在那時,她回應的甚至都不是忠實的粉絲。他們可能是留下評論、轉發或回應她部落格貼文的觀眾。我要說,茱蒂花了非常多時間在回覆問題、繼續圍繞影片中的主題對話,還有建立社群(即使她當時還不知道什麼是社群)。

這裡的重點是,她與今天其他創作者特別不同的地方在於她非常重視內容,同時也非常重視觀眾——甚至可能更重視觀眾一些。

茱蒂粉絲的忠誠度有多高?幾乎每一次她在網路上推出新產品,就能迅速賣光,而且很多時候是在第一天內售完。此外,即使在改變自己的定位,離開美容頻道,並且創作 3600 部影片之後,她每支上傳的影片仍然可以持續擁有 10 萬到 20 萬觀看人次,這全都是因為她擁有一大群忠誠的觀眾。

進入 YouTube 領域 10 年，茱蒂已經成為她的領域中最受人信任的影響者之一，那種信任是使 YouTube 創作者與其他種類的名人間有所差異的本質；那種信任幾乎是你可以得到的所有機會的基石。

培養真正的粉絲

從你上傳第一支影片後，就要開始透過互動去創造社群。你不需要大量的觀眾才能在 YouTube 上建立全職事業或個人品牌；你需要的只是一群忠實的粉絲。VloggerFair 的創辦人克里斯・皮里洛（Chris Pirillo）曾說過：「與社群成員建立深度連結相比，社群大小並沒有那麼重要。」

在凱文・凱立（Kevin Kelly）著名的文章曾進一步解釋此概念：「想成為一名成功的創作者，你不需要幾百萬元或幾百萬名客戶或粉絲。想以工匠、攝影師、音樂家、設計師、作家、動畫師、應用程式製作者、企業家或發明家的身分謀生，你需要的只是 1000 名真正的粉絲。」

凱立所說的，其實就是數學問題。你必須創造自己可以賺到的足夠價值，平均來說，就是每年從每一位粉絲身上賺取 100 美元的利潤。你可以使用我們在本書中提供的獲利策略來做到這一點。記住，與現有的粉絲深入互動，永遠比尋找或培養新粉絲更容易。與他們建立直接關係，這樣他們將願意直接付款給你。以這種方式，你可以持續從每位粉絲那邊獲得 100 美元，如此一來，你只需要 1000 名粉絲，年收入就可達到 10 萬美元。大部分的人若擁有這樣的年收入，都可以過上不錯的生活。

其實，吸引 1000 名真正的粉絲遠比以百萬名粉絲為目標容易許多，尤其是當你剛開始經營頻道時。如果你每天能增加一名粉絲，那麼只要短短幾年，你就可以擁有 1000 名粉絲。

透過與觀眾建立信任來打造你真正的粉絲社群。信任與參與讓你能夠創造出持續的收入。

在下一章中，我們將告訴你如何將你的內容變現，並將你的熱情轉變為利潤；這會將你的創造力轉變為一個事業。

▶ **注意！**

沙發馬鈴薯已經不是只窩在沙發裡看影片了，這是個馬鈴薯都長出小手指的時代，現代觀眾喜歡動動手指參與討論、轉發給朋友、互動，所以創作者必須建立社群，得到粉絲關注與信任。從開啟小鈴鐺到回應留言，一步步留住觀眾，這些觀眾不只會成為你的粉絲，還能幫助你從影片中賺取收入。

重 點 整 理

- 你要讓自己的頻道讓電視節目一樣，讓人可預期與期待。但是，不能像電視節目一樣，只是單方面發送資訊。
- 建構社群就是建構你與客群的對話。
- 建構對話可以讓客群的黏著度變得更強。

- 觀看影片、訂閱，成為粉絲，這會是你實現獲利的根基。
- 要記得：與社群成員建立深度連結相比，社群的大小並不是最重要的考量。
- 花時間在影片中、在直播中，在適合的社交網站上與觀眾互動，這會讓他們覺得自己被重視。
- 記得鼓勵觀眾訂閱與轉發。
- 先不要考慮會不會有人與你互動──再強調一次，你得先拍第一部影片才行。

| 6 |

變現
如何將你的內容變成錢

> 「追逐願景,而不是金錢,最終,金錢將會追隨你。」
> ——東尼・謝(Tony Hsieh),Zappos 前任執行長

有一些人認為談錢是禁忌,一旦涉及金錢,我們被養育的方式往往塑造了我們的情感與心態,然而,有件事是肯定的:**金錢追隨使命而來,並且強化使命。**

我們鼓勵你堅定自己想在 YouTube 上建立影響力的理由、使命和動機。無論你的目的是希望影響世界上的人們、建立一個社群、提供娛樂和靈感或是供養自己與家人,當你進一步探索這個過程時,都必須時刻將那個理由銘記在心。

為了能夠最高水準地實踐你的使命與願景,你需要資源,更具體地說,你需要金錢。

有錢你就可以更自由地創作內容和維持品質,你可以雇用一個團隊和支持他人,無論是職員、助手或你喜愛的慈善機構。只要有錢,你就可以最大化自己在世界上的影響力。

在 Youtube 上獲利

我們想與你分享十種在 YouTube 上累積收入的方法,但是我們建議你永遠不要追逐金錢,那種行為是帶來挫折的食譜。你要追逐的是你關注的議題、你的使命、你的熱情和你的目標,並且讓金錢和收入由此產生。這章主旨並非定義賺錢的唯一方法,創造良好收入的方法

遠比我們在一本書中所能涵蓋的要多得多，因此，我們要提供你的是幾種關鍵的獲利策略和概念。

賺錢的計畫

YouTube 上第一種也是最被廣泛了解的賺錢方式為透過 AdSense 計畫。一旦你的 YouTube 頻道有超過 1000 名訂閱者，且觀看時間達 4000 小時，它就有資格透過 AdSense 計畫分享收益。這將允許 YouTube 在你的影片中播放廣告，而廣告收入的一部分會分紅給你。

你可以從 AdSense 分到的金額會有差異，根據經驗法則，美國的創作者平均每千次觀看可獲得 2 美元的報酬。因此，如果你希望每個月可以靠 YouTube 內容賺得 2000 美元，你一個月就需要 100 萬的觀看次數，這不是件容易的事，尤其是在持續的基礎上。當你剛開始時，光靠廣告收益可能還不夠，但如果你保持一致且持續，從長遠來看，它可以變成一個重要的收入來源，就像無數 YouTube 創作者一樣。

AdSense 這個策略最適合用於惡作劇、喜劇、新聞、影片部落格和娛樂頻道，因為它們往往可以獲得大量觀看次數。病毒式傳播的內容就是一個典型的例子。雖然大部分高觀看次數的頻道都屬於娛樂範疇，但是教育頻道也可以透過 AdSense 賺取高額的廣告費。

格雷漢・史蒂芬（Graham Stephan）在 YouTube 上分享個人財務、投資和房地產的意見。2020 年，他三個頻道的影片使他靠廣告分潤就賺得超過 180 萬美元。他也透過其他本章之後會提到的策略賺取收入，在結合各種獲利方式下，他的年收入已超過 400 萬美元。

格雷漢的成果當然卓越不凡，如果你只能達到他十分之一的成就呢？他年收的十分之一代表你一年將可賺取超過 40 萬美元。只有他的百分之一也有超過 4 萬美元的收入。美國人口普查（The US Census

Burea）2019 年年度實際個人收入的中位數為 3 萬 5977 美元。所以你可能無法變成百萬富翁，但是透過在 YouTube 上創作內容來謀生，比以往任何時候都更加實際可行。

即使你才剛起步，在你獲得 YouTube 合作夥伴計畫許可之前，就有許多辦法可以透過 YouTube 賺錢。

YouTube 作為一個具有重要意義的平台，原因之一就是 AdSense。沒有其他平台能像 AdSense 一樣提供如此實際的被動收入來源。只需創作內容，而 YouTube 會解決所有麻煩工作為你帶來廣告收益。

聯盟行銷

透過聯盟行銷，你可以藉由推廣一間公司的產品來賺取佣金，過程十分簡單：找到一個你喜歡的產品，推廣它，然後從每筆銷售中賺取一部分的利潤。你要做的只有找到一間需要聯盟行銷的公司，**最常見的聯盟行銷計畫為亞馬遜夥伴（Amazon Associates），你可以透過網路申請加入**，一旦被允許加入，你就可以製作自己的亞馬遜產品連結，如此一來，任何時候只要有一名觀眾點擊了連結，你就可以分到該產品價格一定百分比的利潤，金額可能介於 1% 到 10% 之間。

因此，你可以想像，只要你努力提高點擊連結的人數，這種收入就可快速增加。聯盟行銷與任何類型的 YouTube 頻道都相關，但是它特別適用於美容、時尚、財務、科技和產品評比頻道，那是因為這類頻道傾向於討論特定的產品、服務和軟體。如果有一種產品與你的利基市場（實體、數位、服務或現場活動）相關，就可能有一個針對它的聯盟計畫。

即使只有相對少數的觀眾，你最終也可以透過聯盟行銷發展出六位數的收入。尚恩多年來都在研究相機，所以除了〈Video

Influencers〉以外，他開始了一個名為〈Think Media〉的頻道，在那裡他為人們提供最佳拍攝相機和設備的建議。聯盟連結在這種情況下很有幫助，因為他會定期評論產品，也會推廣和提供許多產品的連結。2010 年，尚恩第一筆來自亞馬遜的佣金僅僅 2.12 美元，但是憑藉著堅持、耐心，以及每支影片進步 1%，他的氣勢開始累積。

到了 2016 年，尚恩透過聯盟行銷就產生了六位數的年收入，時至今日，他每個月單從亞馬遜就可賺得 4 萬美元的收入。CNBC 最近在一段 10 分鐘的迷你紀錄片中報導了他的故事。亞馬遜並非是擁有聯盟計畫的唯一企業。許多不同的零售商店都有你可以申請的計畫，包括 Target、Walmart、Kohl's、Sephora、Bass ProShops、Home Depot 和 Nordstrom。聯盟行銷的可能性幾乎是無限的。無論你的頻道本質為何，這都是一份值得投資的收入來源。

你本身的產品或服務

另一個能夠將 YouTube 頻道內容變現的方法是創造一個產品或服務。販賣自己產品的優點是：你不會只賺取收入的一小部分，相反地，全部的盈利都屬於你。許多 YouTuber 創造自己的系列商品，如 T 恤、咖啡杯、帽子和其他服飾。Merch 和 Amazon.com 等網站使創造自己的商品變得比以往更加容易。Teespring.com 現在更是直接與 YouTube 整合，讓你可以在你的影片頁面下方建立一個「商品架（merch shelf）」。搭配它們簡易上手的工具，你可以創造 T 恤、咖啡杯、明信片和更多商品供頻道觀眾購買。

然而，你的商品不必只停留在服飾和咖啡杯上，你也可以創造數位產品，諸如教育服務、線上課程或電子書。

我們在〈Video Influencers〉上採訪過的梅蘭妮・漢姆擁有一個手

工藝和 DIY 頻道。她提供大量免費影片，同時也提供更深入的付費數位教學影片。**你可以把任何自己擁有的知識轉變成數位產品，並且提供給你的觀眾。**你甚至可以提供諮詢或指導，尤其是如果它與你的利基和願景有關。

我們曾經看過只有少數觀眾的 YouTuber 利用此策略賺取六位數的收入，因為他們在提供免費影片的同時，也提供有價值又不貴的優質內容。當你擁有希望與你進行更深入交流的粉絲後，你可以提供的產品或服務也就能更上一層，它可以建立你的社群並強化你與粉絲間的聯繫。

免費產品交易

省下 1 美金就是賺到 1 美金。通常，在追尋變現的過程中，人們往往忘了：藉由節省某方面的開銷，他們就能把錢用在另一方面。你可以發現品牌、公司或企業將會寄給你免費產品供你評論或推銷。

當班傑開始與當時的未婚妻茱蒂使用 YouTube 時，他在財務上並不寬裕。事實上，他必須支付隨之而來的婚禮費用，所以他請尚恩協助他創作婚禮系列的影片。我們合作製作了一系列與婚禮策劃有關的熱門主題，並且聯絡我們認為可能願意提供贊助的品牌，像是婚紗公司。舉例來說，我們製作了一集圍繞著茱蒂首次試穿婚紗的影片，那件婚紗是由一間婚紗公司提供，為了交換免費的婚紗，我們就在那一集中將其展示出來。

婚禮系列最終共 10 集影片，內容涵蓋了準備婚禮以及儀式本身。許多集都是透過免費產品得到贊助，有些甚至獲得金錢贊助。

然而，儘管整個系列並非完全付費贊助，但是我們卻在本來會花到錢的地方省下了一筆。你的觀眾不需要特別多才能利用這種免費產

品交易，但如果你的觀眾集中在某個特定的族群，那將會有所幫助。米格爾（Miguel）是〈Video Influencers〉社群的一員，他創建了一個分享音樂錄音技巧的頻道。他和妻子都是音樂家，他們發行了歌曲和迷你創作專輯（extended plays，EPs），而他希望建立一個頻道幫助其他人做同樣的事。因為他的頻道主題非常明確，在他只有不到 500 名訂閱者的情況下，他就收到價值超過 7000 美元的免費產品和軟體。**品牌喜歡與可以證明自己的觀眾和公司的目標市場一致的網紅合作，即使那個市場不大。**

無論你是一位擁有 10 萬名訂閱者的全職 YouTuber，還是只是一名訂閱者少於 1000 人的新手，獲得免費產品的方式都同樣簡單，不外乎透過社群媒體聯絡、發送電子郵件，甚至是拿起手機直接詢問。

你將會驚訝地發現，竟然有那麼多公司會說「好」。每當你成功地以內容交換一項產品，你都能由此學習且變得更熟練，如此可以吸引到更多機會。

通常，你可以提供一間企業的價值在於你為他們製作的影片，尤其是較小型或地方性企業。以一間規模不大的餐廳為例，製作專業品質的影片可能需要花費數百至數千美元，但身為一名創作者，你可以免費提供這項服務，以換取企業的某樣商品／服務。

我們認識一名喜愛食物和旅遊的 YouTuber。我們建議他利用這個技術做為他的優勢，即使當時他的頻道還沒有幾位追蹤者。他前往一間當地的餐廳，然後說明願意提供一部高品質的影片給他們，讓他們能夠用於網站上，代價是一頓免費餐點，而他們接受了他的提議。他的故事並不獨特，這種交換經常發生，但對公司來說，這類影片具有內在價值，即使影片只有很少的觀看次數也一樣，所以這是你剛開始創立頻道時可以著手的方向。

你現有的業務

人們往往只專注於在 YouTube 的環境中獲利。然而，也可以利用 YouTube 作為現有業務的一種外展與擴展方法。假設你擁有一間實體店面，收入幾乎全部來自於那間商店，你可以使用 YouTube 頻道製作推廣業務和擴大全球宣傳的內容。你不是直接透過影片賺錢，而是吸引人們前來你的商店，那才是真正產生收入的地方。除了提高人們對於當地業務的認識外，你還可以透過建立電商或增加本章中列出的其他收益流（revenuestreams）擴大線上的影響力。

當班傑重啟他的房地產事業時，他決定要創立一個頻道〈HomeDealzTV〉，這個頻道主要回應房地產相關問題。他回答人們最常向房地產經紀人提出的問題，諸如如何購買房屋、如何為房屋定價，以及如何找到好的經紀人，並以簡單但令人信服的方式提供答案。即使這個頻道的觀眾相對少數，但是透過此頻道，他向當地網絡傳達自己的價值、吸引客戶並扭轉了他的業務。他從每年不到十筆的房地產交易增加到百件以上，這一切都是因為透過 YouTube 頻道提供價值這個簡單的想法。

記住，**當涉及變現時，YouTube 主要是一種溝通手段**。曾經，在當地挨家挨戶的銷售產品與服務是有意義的，因為那是最直接的溝通方式。現在，YouTube 提供數位方法，讓人們以更廣大的規模進行相同的事。我們相信每個聰明的企業主和品牌都應該利用像 YouTube 這種工具去擴展他們的線上影響力與收入。

如果你目前是位企業主，問問自己，可以藉由影片向你的潛在客戶或顧客群傳達出哪類價值？有你可以回答的問題嗎？有你可以提供的訣竅或意見嗎？

當你為觀眾創造價值時，你就能吸引人們回頭找你。

群眾募資

群眾募資（Crowdfunding）是透過向許多人募集少量金錢以資助一項企劃或活動的作法，通常經由 Kick-starter、Indiegogo、Patreon 和 GoFundMe 等網站進行。在 YouTube 上，Patreon 是最佳選擇，因為它鼓勵定期捐獻，因此被許多熱門頻道廣泛使用。

透過 Patreon，你請人們承諾固定捐獻一定金額，通常是每月一次，並且提供特定的獎賞給不同級別的支持者。這些獎賞可能是只有支持者可以觀看的「常見問題與解答」影片、在你的一部影片片尾字幕中提及他們的名字，或是任何一種具創意的鼓勵措施，這些都能為觀眾增加價值。

賈斯汀‧邱在開始使用 Patreon 之前，花了一年左右與他的觀眾建立起影響力、信任和關係。最後有超過 60 人承諾每個月透過 Patreon 支持他的頻道，提供他足夠的金錢把他的 YouTube 使命轉變成一個全職工作。

菲利普‧德弗蘭科（Philip DeFranco）在 YouTube 上經營一個熱門的新聞頻道並擁有大量的訂閱者。他透過 AdSense 支持自己的頻道。然而，當 YouTube 對它們的廣告政策做了一些改變後，他的頻道中大多數內容都被貼上「對廣告商不友善」的標籤，一夜之間，他大部分的 AdSense 收入就消失了。因此，他開始利用 Patreon，而有超過 1 萬 3000 人承諾支持他創造進步新聞和娛樂網絡的願景。觀眾可以少到只用 5 美元 / 月或多到 1000 美元 / 月去支持他。如果所有支持者每個月都只捐獻 5 美元，仍然可以為他帶來每個月超過 6 萬 5000 的資金。

YouTube 最近增加了讓粉絲透過頻道會員去定期支持 Youtuber 的功能。創立〈Keto Kamp〉的班‧阿扎迪（Ben Azadi）利用這個特色

為他的社群提供獨家內容。每月只需支付 6.99 美元，觀眾就可以註冊並參與每月「班的常見問題與解答」會議、購買折扣商品、獲得可下載的歡迎包和忠誠徽章。YouTube 每月拿走頻道會員 30% 的抖內，而剩下的 70% 歸他。

群眾募資顛覆了典型的做事模式。在過去，人們依賴上級與守門人的認可和支持，但是**群眾募資讓創作者得以從因為他們的願景和使命而受益最大的觀眾那裡直接得到支持。**

我們建議，在專注累積收入前先累積影響力。在你擁有一群觀眾之前啟動類似群眾募資的活動，很可能會失敗，畢竟與觀眾建立信任與忠誠度，是群眾募資和大多數賺錢活動能否成功的關鍵。

活動

活動提供了另一種使 YouTube 內容得以變現的方式。這些活動可以線下進行，也可以在線上舉辦；可以是免費的或需要入場費。一旦你擁有了一大群觀眾，邀請人們參加付費活動會容易得多。

一個實際例子是現場表演。如果你喜愛特定樂團或音樂家，你就會在 iTunes 購買他們的音樂；用 Spotify 收聽他們的演奏；也會觀看他們在 YouTube 上的影片，那下一步就是欣賞他們的現場表演。你將願意支付高額費用觀看，因為你喜愛他們的音樂，同樣情況也適用於 YouTube 的影響者。如果你向觀眾提供大量價值，他們將會變成你的粉絲，而且他們會樂於購買門票以獲得在現場活動看見你的機會。

我們的一位朋友——丹尼爾・艾森曼（Daniel Eisenman）在他的觀眾仍然相對少數時就開始舉辦一個名為「International Tribe Design」的活動。他利用自己在網路上建立的信任和影響力，在世界各地的獨特地點舉辦活動與見面會。他的一些粉絲很樂意支付 2000

美元以上的費用參加這些活動。因為丹尼爾廣受歡迎且成功，所以他能夠拜訪充滿異國情調的目的地、環遊世界，並且享受一種大多數人都夢寐以求的生活方式，這一切都是因為他先用網路影片建立了影響力，接著才向觀眾宣傳現場活動。

2018 年，尚恩與 Think Media 團隊創造了一場名為「Grow with Video Live」的年度活動。雖然它通常是舉辦在拉斯維加斯的現場活動，但是在全球新冠肺炎大流行期間，它轉成線上活動。這場活動的力量來自於創造聯繫和學習機會，無論是透過面對面的社交聚會，還是使用 Zoom 的線上聚會。

正如我們提到的，付費活動不一定需要是實體聚會，你也可以舉辦付費線上活動或高峰會，你可以邀請一群演講者，讓他們分享與你的特定領域有關的知識和經驗。足夠關心該主題的觀眾，會為了聆聽專家演說而付費。

品牌贊助

品牌贊助（Sponsorships）在 YouTube 社群中也被稱作「品牌交易（brand deals）」，在 YouTube 上已經變成一種極度熱門的變現形式，尤其是對於影響力較大的 YouTuber 而言。它運作的模式與我們之前討論過的免費產品相似，但它還有一個額外的好處是，公司會支付真正的金錢來換取產品的宣傳。

舉例來說，如果你的 YouTube 頻道內容是以評論玩具為主，一間公司可能會聯絡你，希望能一起合作。作為提高人們對他們公司產品認識的交換，你可以得到豐厚的報酬。

品牌贊助發生在許多不同的層面，你可以從自己聯繫一個品牌開始。然而，有經紀人的 YouTuber 就會由經紀人去聯絡相關的品牌。

另外也有品牌贊助的線上市場，如 AspireIQ。註冊 AspireIQ 是免費的，而你僅僅只需擁有 3000 名訂閱者即可開始。

假設你有一個科技產品頻道，而你用 AspireIQ 發現一間耳機公司希望與網紅合作。你可以透過聊天系統傳送提案或連結給對方，在那裡討論潛在的交易或付費贊助。AspireIQ 甚至不收取成交費，一旦你完成交付，你就可以馬上經由 PayPal 從該品牌那邊獲得款項。你的責任可能簡單到只需要在影片中穿戴耳機。

希瑟‧托雷斯（Heather Torres）開始「在家自學」頻道 8 個月後，訂閱者成長到 2500 人以上。她僅僅發佈了 15 支影片，但是她寄電子郵件給一間自己購買課程的公司，並且詢問合作的可能性。該公司感到很困惑，因為他們沒有與 YouTuber 品牌交易的經驗，所以希瑟跟他們解釋了可能的結果，以及品牌交易看起來可能會是什麼樣子，最終，他們雙方達成協議。

雙方同意該公司免費提供希瑟價值超過 800 美元的全部課程，並且為每支談論到此課程經驗的影片支付 300 美元。最重要的是，他們還建立了一項聯盟交易，只要任何人透過希瑟的頻道連結註冊或購買課程，那麼她就可以得到 10% 的佣金。最終，從影片觀看與聯盟銷售所產生的金錢，就足夠她幫孩子購買最新的 iPad。

希瑟的經驗證明，不必成為知名的 YouTuber 也可以利用品牌交易。只要你有聚焦的內容，或許就能夠引起相關公司的興趣。

事實上，很多公司稱希瑟這類的 YouTuber 們是「微網紅（micro-influencer）」。根據《富比世雜誌》的調查，有 82% 的觀眾喜歡追蹤微網紅的推薦，這就證明企業不需要仰賴大型頻道去宣傳自己的品牌。我們鼓勵你去思考希望能與哪些品牌合作，如此一來，你便可以利用品牌交易去累積自己的收入。

自從班傑開始踏上 YouTube 的旅程後，品牌贊助就一直是他與妻子的主要業務。剛開始，他們每次宣傳的收費只有不到 100 美元，但隨著時間推移，品牌交易模式為他們帶來了每年七位數的商業收入。

2020 年後，品牌需要這些創作者的影響力顯著增長。對微網紅和超級網紅來說，品牌交易比起以往任何時候都更有利可圖。

想要知道更多得到贊助的資訊，請參考 TubeSecretsBook.com/BrandDeals。

授權內容

與其創作自己的影片，許多公司願意付錢給 YouTuber 以得到使用其內容的許可。有時候，你的影片的內在價值與受歡迎程度的關係不大，反而與內容本身的關係更大。

換句話說，影片的性質本身就具有價值，並且與你的頻道無關。媒體公司為了使用你的影片，將其用於自己的目的，會支付授權費。

創作關於有趣和異國情調地點的旅遊 Vlogger 通常會與各國當地的旅遊局合作，授權或出售他們拍攝的庫存錄影（stock footage）。旅遊局接著將那些影片用於自己的行銷和宣傳活動中。

其他網紅們透過上傳自己的影片素材到庫存影片網站上面賺取收入，像是 istockphoto.com、VideoHive.net，或者 Shutterstock.com。庫存影片市場讓創作者可以簡單授權他們的內容，從而為創作者提供了另一個收入機會。

隨著權威、影響力，以及品牌價值的成長，你的臉孔、形象、照片和名聲也開始對媒體產生價值。班傑與其妻子經常能夠將他們的品牌交易費提高二或三倍，因為與品牌合作時，他們的協議中包含了授權費。

受邀演講

另一個我們想在本書中分享，幫助你累積收入和變現你 YouTube 內容的最後一個方法是受邀演講。如果你圍繞著一個主題建立足夠的影響力和權威，你就會變成一名在產業活動、會議、大會，甚至當地活動的演講候選人。

以尚恩為例，他走遍全國甚至國際，賺取數千美元的演講費。艾咪・蘭迪諾（Amy Landino）是一位行銷與企業教練，她利用自己在 YouTube 上的影響力，每年在企業活動中進行十到二十場付費演講。雖然艾咪在 YouTube 上擁有強大的核心觀眾，但是她並非熱門的 YouTuber，儘管如此，她仍為自己創造出可觀的收入。

如果你在一個特定領域中建立自己的影響力，你可以利用這樣的影響力去開啟許多演講的機會之門。

JP・席爾斯（JP Sears）是著名演講者、教練和顧問。幾年前，當他創作了自己的角色──Ultra Spiritual JP 後，他的影片迅速瘋傳。因此，他收到許多希望他在活動上以該角色演講的邀約。事實上，他實在收到太多邀請，以至於他感到不知所措，但是這個現象提高了他的演講費。他受歡迎的程度與粉絲數量的增長，讓他能夠在全美各地進行這樣類似喜劇演出的活動，而且每個地點都不只一場。

在 YouTube 上建立你的個人品牌是強而有力的！從本書的第一版以來，我們已經受邀到一些全世界最大的影片銷售、企業和個人發展活動中演講。

依靠 YouTube 賺錢的方式還會持續增加，本章所描述的策略其實只是冰山一角。

而若想要學習使用 YouTube 賺錢最好且最新的方法，請上 TubeSecretsBook.com/FreeClas 觀看我們免費的 YouTube 變現網路課程。

初學者錯誤

當談到變現，**我們看見創作者會犯的最大錯誤就是先關注收入**，而不是關注自己的影響力。切記，影響力永遠是第一順位，增加價值、與人們創造連結、開始建立關係，最終仍是與人們建立信任、發展出影響力的不二法門。

儘管我們都知道這個規則有例外——也就是那些不誠實或透過捷徑賺取快錢的人們——但是那些人絕對不會長久，而且他們永遠無法留給後人什麼東西。在〈Video Influencers〉上，我們已經關閉 YouTube 的廣告功能超過一年半了，因為我們不希望短視近利而阻礙了觀眾的長期成長。

今日，這不再是個選擇，因為 YouTube 會在被挑上的任何影片上投放廣告。然而，你應該維持一樣的心態——影響力第一，收入第二。在嘗試藉由觀眾獲利之前，應該先增加大量價值，以及建立雙方的信任。

根據你的財務狀況，你可能需要盡早開始賺錢。然而，我們不建議開始使用 YouTube 的原因是出於絕望。你必須抱持著決心和心甘情願，將 YouTube 視為一場馬拉松而非短跑衝刺。我們希望與人們建立信任，而且也知道那些 YouTube 廣告在初期無法帶來可觀的收入。我們的首要任務是塑造影響力，接著建立一個社群，最後才能打開變現的開關。

〈Video Influencers〉有一段採訪路易斯‧豪斯（Lewis Howes）的影片，他是 iTunes 頂尖 Podcast〈The School of Greatness〉的創作者，他透露自己是在經營 Podcast 2 年後，才開始加入贊助及其他變現的機會。

專注於建立你的影響力，保持耐心與毅力，收入將會隨之而來。記住，金錢跟隨著使命。

　　我們看見**創作者會犯的第二個錯誤是：讓獲利機會遮蔽觀眾可獲得的好處。**

　　如果一個品牌想要在你的頻道上宣傳他們的產品，因為你具備權威、信任以及大量客群，請確保他們的產品適合你的觀眾。即使他們提供可觀的金錢，如果那項變現交易不會提供相關、有意義的內容給你忠誠的觀眾，那麼千萬不要同意，否則你將會傷害你的頻道並失去觀眾的信任。

　　如果你擁有一個美容頻道，你在頻道上提供化妝及護髮的訣竅，而一間電子公司與你接洽，希望你宣傳他們的電視，很明顯這並非一個好交易。如果你同意了，將損害頻道的完整性，因為你的觀眾是向你尋求美容秘訣。

　　如同社群媒體專家與《紐約時報》暢銷書作家──蓋瑞・范納洽（Gary Vaynerchuk）說過的：「做正確的事永遠是正確的事。」所以，當獲利機會來到你面前，永遠要把你的觀眾放在第一位。

挑選一個起點

　　問問自己，你是一名教練或老師嗎？你喜歡分享想法或意見嗎？你喜歡提供娛樂嗎？釐清你在觀眾心目中的角色，有助於你決定哪種變現策略最適合你。

　　當挑選最初的變現選項時，我們建議從少數幾個策略開始，透過嘗試錯誤去縮小範圍。

藉由反覆試驗，你便可以發現哪種方法最適合你的品牌、訊息、使命和價值。

開啟 YouTube 廣告功能是開啟變現最簡單的方式，但是若觀眾數不多，它無法產生足夠的收入。即使如此，它仍是個起點。聯盟行銷可能是個更好的起點，因為你不必創造任何自己的產品。你所要做的就是給予建議，即可獲得報酬。

有些人以上全做。個別的變現形式可能無法賺取大量金錢，但把它們結合起來，讓有些 YouTuber 因此創造出可觀的收入。正如財務顧問建議投資組合多樣化一樣，我們也建議你的收入來源多樣化。這樣一來，如果某件事出現戲劇性的改變，像發生在菲利普・德弗蘭科身上的例子，你所有的雞蛋也不是放在同一個籃子中，你還會有其他可以依賴的收入來源。

無論你決定怎麼做，切記：**你的影片價值永遠最重要。持續傳遞價值必定是你的首要目標，無論你面對的是怎樣的獲利機會。**接下來，我們將仔細探討如何創造一致性。

▶ **注意！**

賺錢很重要，但不能是最重要的事。最重要的事是，不要變成廣告頻道。你要做的是留住觀眾，留住觀眾就會帶來獲利。想想看電視時，碰到廣告時段你會怎麼處理。

而且要知道：不是每個人都會等著廣告時間結束再轉回去。在網路時代，觀眾離開，很可能就不會再回來了。

重點整理

- 你需要錢，才能維持讓你的夢想走得更遠，走得更好。
- 夢想會締造願景，願景可以讓你的獲利變得更高，也更長久。
- 收入很重要，但是更重要的永遠是影響力。
- 增加內容價值、與人們創造聯繫、與觀眾建立關係，然後才是影響力。
- 當你建構影響力，吸引廠商與你合作，你可以透過內容獲利，也可以透過你本身的形象獲利。
- 當然，你也可以從螢幕裡走出來，透過課程或演講等活動獲利。
- 如果你已經在經營特定業務，譬如房仲或零售業，你獲利的方式或許會是讓影片結合專業，在這些特定領域建構權威感、提供價值，吸引更多客戶。
- 要注意：沒有信任，就沒有影響力。

7

持續且一致
讓觀眾習慣，努力邁向成功

> 「羅馬不是一天造成的。」
>
> ——約翰·海伍德（John Heywood）

你或許聽過上面這句古老的諺語（其實這句話並不只適用於羅馬），其主旨是建造任何偉大的事物都需要時間。

想想看，人們總是花費數年的嘗試以精熟一項技巧、手工藝或嗜好，經營 YouTube 也一樣。羅馬如何建成？難道人們只是站著，什麼事都沒做，等待帝國自己出現嗎？不，他們每一天都在砌磚，同理，你的 YouTube 頻道也必須如此。人們很容易將注意力集中在已經落成的 YouTube 帝國上，而忽略了創造和上傳影片等日常工作。

砌磚系統比起整體更為重要。記住，**打造 YouTube 動能的關鍵是長期持續地發布具一致性的策略品質內容**。在這個章節，我們想要與你分享一些系統和原則，它們將有助於你在建立 YouTube 帝國的道路上持續為成功奠定基石。

「讓觀眾習慣」有多重要？

讓 YouTube 觀眾習慣的關鍵就是：你得一直出現。在商業界，凡是露面的人就是成功的人，在 YouTube 上，持續曝光、持續出現為何重要有以下幾個原因：

- 第一，當你創作了規律的影片，就像是和一名朋友一起出去玩。你們愈常一起出去，你就會與那位朋友愈親近。

- 第二，隨著你持續發布內容並觀察結果，你會更加了解平台和不斷改變的 YouTube 演算法，兩者皆對頻道的成長至關重要。「規律」遠遠不只是發布內容，它是關於學習創造成功的過程。
- 第三，透過持續曝光，你會定期從觀眾那邊得到回饋，這可以幫助你改善內容。
- 第四，你可能會對於自己必須學習多少東西感到驚慌失措，但是練習造就進步。你拍攝愈多影片，攝影技巧就愈純熟。你編輯愈多影片，編輯技巧就愈好。

戴爾・卡內基（Dale Carnegie）曾說：「學習是一個主動的過程。我們邊做邊學。只有用過的知識才能牢記在你的心裡。」

製作一份時間表是當務之急。如此一來，人們會知道**何時**可以期待你的影片。此外，**YouTube 會優先推薦穩定頻道做為獎勵**，將頻道影片放在搜尋結果和建議清單中較前面的位置。

不要忘記，作為一家企業，YouTube 是藉由在影片中置入廣告來產生收入。因此，**當你持續創作高品質的內容，就等於創造更多機會讓 YouTube 推廣你的影片給更廣大的觀眾。**他們喜歡獎勵能夠規律上傳的創作者。

定期創作影片是困難的，但是愈努力，就愈幸運。當你持續發布影片，便是向世界拋出更多機會，就像在大海中放入更多魚鉤，讓人們得以發現你，而你永遠不知道哪部影片會成為開啟成功之門的鑰匙。這其中一部分取決於運氣，但是你可以透過更頻繁地上傳影片來累積有利的籌碼。

舉例來說，我們都是自己頻道與生意的全職創作者，但是當我們開始〈Video Influencers〉時，為了保持規律性，我們想確保每週上架

一次。這並不是一個會讓人跳起來、覺得很棒的主意，事實上，這是一件苦差事。有些影片拍得比其他好，但是這條每週紀律以意想不到的方式讓我們得到了回報。

2018年時，我們上傳了一支給新手的影片，標題為「如何從零開始一個YouTube頻道」，我們沒有期待它會像病毒一樣散播，但是那支影片很快就獲得了關注，並且持續獲得大量觀看，直到今天，這支影片觀看次數已經突破400萬次，每個月還持續增加數萬次觀看。

你永遠不知道哪支影片可能會大放異彩，引領你走向成功。我們無時無刻都在提高勝算，然後獲得回報。**雖然你無法控制哪支影片帶來成功，但是致力於持續且一致將提供實現此目標的最佳機會。**

我們採訪了科技頻道〈BarnaculesNerdgasm〉的傑瑞（Jerry），他的頻道擁有80萬名訂閱者。在那時他告訴我們：「若事情進展緩慢，不要灰心。我經營4年才有1萬名訂閱者，但是之後的70萬名訂閱者卻只用了2年。」

持續且一致的最佳實踐方法

你如何規律地上傳影片？

我們是全職的YouTuber，儘管在頻道上發布大量內容，但我們也知道生活可以多麼忙碌，你可能有必須完成的家庭任務、可能有一份全職工作，或是可能正試圖創業，並且希望利用YouTube推廣。

就像你的狀況，我們同樣也面對生活中的多項要求，所以在創造我們的頻道內容時，我們必須變得有效率且有策略性。因此，我們的策略包含了兩個必要條件：

1. 事先安排計畫

事先計畫可以避免表現不佳，或可以這麼說，如果你沒有計畫，就等於計畫失敗。計畫能幫忙省下大量精力，所以我們會在幾天前就計畫拍攝內容。藉由成批生產，我們安排好一切，包含燈光、相機、聲音、拍攝場所，在一個時段內集中拍攝多部影片。我們甚至會在拍攝過程中更換衣服，營造在不同天拍攝的假象。

2. 成批生產

成批生產是在短時間內製作大量內容和保持規律的基本要素。〈Video Influencers〉是一個每週訪談的節目，這就代表我們一年必須拍攝並編輯 52 部影片。為了更方便管理，我們做了幾件事。有時候，我們會進行一趟小旅行，我們會拜訪住在同一個地區內的幾位人士，然後我們成批製作那些採訪影片。其他時候，我們會參與業界相關的活動，然後在那幾天的活動中拍攝 10 到 20 位受訪者，可以製作 10 到 20 週的內容。

如果你有一份全職工作、有家庭必須照顧，或是你還在上學，那麼保持簡單總比什麼都不做更好。

當我們的生活處於忙碌階段時，我們偏好製作簡單、有價值，不需要大量額外後製的影片。我們利用圖像和影片使它們變得有趣。

我們也很喜歡直播。如果你有足夠的知識或專業可以即興談論，那麼直播是一種不需要進行大量編輯即可產生內容的簡單方法。

太多創作者陷入製作困境，對自己擁有的影片素材數量或是想法感到不知所措。**嘗試不同的內容形式可以幫助你更容易維持每週更新一次的原則**，無論是直播分享一些技巧 15 到 30 分鐘、拍攝簡短的問與答與觀眾互動，或是製作快速地單人講述影片（Talking head video）都是很好的嘗試。

降低複雜性不代表內容會受到影響，只是表示你要盡可能地保持務實，包括了解自己擁有多少時間、多少資源，以及穩定發布一致的內容需要付出什麼努力。

幾乎每一個我們認識的 YouTuber，當然也包括我們自己，都是從單人講述影片、低製作成本和資源很少的情況下開始。即使是現在創作大型、昂貴影片的頻道一開始也不是這樣的，所以不需要擔心。只需要開始製作一致的內容即可。

班傑最初與妻子在他們的頻道〈It's Judy's Life〉拍攝 Vlog 時，他們只有一台便宜的 75 美元消費型傻瓜相機。多年來，即使它的螺絲都鬆了，他們仍持續使用同一台相機。2015 年，他們總算把設備升級成售價大約是 750 美元的 Canon 傻瓜相機。即便如此，它仍然遠遠不及其他成功頻道的高規格製作。

事實上，他們過去十多年拍攝的 3400 部影片部落格都是使用消費型相機，只是從低階換到高階而已。

他們獲得 10 億觀看次數的關鍵不是來自專業設備，而是來自規律與一致性、一天比一天更好，以及朱蒂透過單純的反覆練習而日益精熟的影片編輯。

多久發一次影片比較好？

你的一致性必須配合什麼程度的勤奮？你應該多久發布一次 YouTube 影片？

這些都是極度常見的問題。最簡單的答案是：「盡你所能，愈常愈好。」當然，這會取決於你生活的忙碌程度，以及現在你面對的事

是多麼具有挑戰性。**只要你能夠保持一致，就算一個月只能上傳一支影片，那也好過什麼都沒有。**理想上，我們建議**最少一週一次**。

太多新手過於投入，一開始就上傳大量內容，然後就忘了 YouTube。馬特‧吉倫（Matt Gielen）寫了一篇關於破解 YouTube 演算法的文章，揭露 **YouTube 平台偏好創作者每週發布 2 到 3 支影片的特性**。

每週上傳一部影片，持續 52 週，並且整年保持一致，絕對好過第一個月就上傳 52 部影片，之後只是偶爾上傳。透過這種方式，你可以學到更多有關內容創作的事，而且你的頻道可以從長期的規律與一致性中獲益。

此外，這樣做也可以避免倦怠，因為你可以調整自己的節奏。要記得，**保持一致且規律的創作者才會從觀眾和平台那邊得到獎勵**。

如果你有頻寬、基礎設備、熱情與衝勁，那麼不要受限於一週發布一次內容的原則。一週發布一次以上會怎麼樣？會更好。可以使你的影響力增長得更快。

到頭來，規律與一致性是你要在 YouTube 上取得成功的必要條件。**堅持不懈的努力會帶來成功，而成功又會邁向偉大。**

為拍攝日列一張清單
- **在日曆上安排拍攝的時間**。只要安排在日程表上的事就要完成。
- **事先研究好你的影片創意**。我們都聽過一句話：「如果你沒有計畫，你就是計畫失敗。」YouTube 的最佳創作者總

是在按下錄影鍵前就做好計畫。有關如何執行這步驟的訣竅，請參考「排名」那章節。
- **列出影片內容的概要**。我們不會按照提詞機或影片腳本朗讀內容，但是我們喜歡制定簡單的大綱。我們使用 Google 文件（Google Docs）建立一張清單，以確保我們錄製的內容會包含此清單中所列的項目。
- **準備好你的工具**。在你的拍攝日前，一定要將你的相機充電。擺放好所有你將會使用到的設備，這樣在錄影時就不會出現意外。
- **選擇一個地點**。當拍攝影片時，理想的地點要光線充足，和最少的背景噪音。
- **準備好你的替換衣物**。我們會一次拍攝多支影片，之後分作幾週陸續上傳，所以我們喜歡準備簡單的汗衫以便替換，不但可以表明時間流逝，同時也創造出影片的多樣化。
- **早上進行的例行公事要有目的**。讓自己能以充分休息、專注且自信的方式開始你的拍攝日。
- **拍攝你的影片**。你所有的準備工作都是為了此時此刻。按下錄製鍵就擁有它。
- **拍攝所有輔助鏡頭（B-roll）**。包括可以支援主要內容的額外片段（footage）、短影音（clips）和場景轉換。記住，若你開始編輯時發現還需要一些片段，那將會令人感到非常挫折，所以當你在錄影時請問問自己：「在我結束這段拍攝前，有沒有任何其他應該錄下來的短影音？」

- **拍攝縮圖（thumbnails）**。縮圖是一段 YouTube 影片中最重要的部分之一，而試圖從影片片段中擷取清晰的畫面可能很困難。要取得好縮圖有很多方法，譬如打開相機的計時器，然後自拍，就這麼簡單。
- 有關拍攝優質影片的更多深度技巧，請觀看〈Think Media〉提供的影片，網址為：TubeSecretsBook.com/Checklist。

▶ 注意！

「規律」與「一致性」可以讓觀眾養成習慣、甚至產生期待。

堅持創造一致性，使用我們的方法，讓你自己變成觀眾生活的一部分。當你成為觀眾生活的一部分，你將得到最忠實的支持者。

重 點 整 理

- YouTube 喜歡你定時更新，你的訂閱者、粉絲也喜歡。
- 當你同時兼顧內容的品質，YouTube 會獎勵你——你會拿到更好的曝光機會！

- 觀眾將期待你的更新；當你固定在週二更新，他們週一就已經在期待了。
- 內容呈現的方式、影片編輯的手法比高級器材更重要。
- 你發表愈多影片，就愈熟悉 YouTube 的各種細節。
- 事先安排、一次拍好固定數量的影片，可以讓你更順暢且穩定地維持更新頻率。

PART 2

策略

▶

鼓起勇氣走出去、闡明你的資訊、用你的頻道建立總部、上傳高品質內容、培養和打造你的社群、開始變現，並且保持規律與一致性後，你就奠定了在 YouTube 上取得成功的基礎。

接下來，我們將揭露一些策略、技術和忍者戰術，讓你獲得更多觀看次數、更多訂閱者和更多收入。你或許已經想出了很棒的內容創意，但是我們將幫助你充分利用每一個機會。所以，請翻到下一頁，讓我們開始吧！

| 8 |

打造你的完美影片

實務經驗分享——「YouTube這個廚房」

嗨，我是班傑。從我有記憶開始，我就在做飯。最初只是單純的為了自己，因為我想吃家常菜。但是隨著年齡增長，看著別人開心地品嚐我煮的飯菜已經變成主要動機。

我最喜歡的料理之一是千層麵，也是許多人的最愛。我已經煮過幾百次的千層麵，因此食譜已經被我牢記於心。它需要好幾個鐘頭的細心準備；肉汁需要用小火燉煮一段非常長的時間，而且我會在各層之間使用帕瑪森法式白醬。相信我，那真的很好吃！

然而，如同任何料理，偶爾我沒有照著食譜進行，這種事在所難免。有一天傍晚，我正在為家人做千層麵。我按照以往的方式烹煮，食材也完全相同。我準備好一切、將它層層堆疊、放入烤箱、設定一小時的計時器，然後開始等待。

當我把千層麵取出試吃時，我感到有些不對勁。它沒有以往的美味；醬汁太乾，而且邊緣的起司還有點燒焦。儘管如此，我還是把它端上餐桌，我的家人仍舊開心地享用它。它不像我期望的那麼美好，但是我從此經驗中學到了教訓，而且知道下一次我可以做對。

做菜就是這樣，很多事都可以出錯。你看，一項不正確的食材就能改變整體味道；讓食物在鍋子上多煮幾秒鐘就可能過熟；一個步驟做錯就可以搞砸整道料理。此外，煮飯不僅與食物有關，擺盤、氛圍和環境也會影響最終結果。以糟糕的態度提供美味的食物，人們也會減少對它的喜愛。

當然，即使烹煮時出了差錯，最後的餐點還是可以好吃，只是它可以更好！

YouTube 影片也是如此。**目標是創造出一個滿足觀眾對一流內容渴望的最終成品**。你可能無法掌握所有正確的元素，特別是在早期，但是如果你做得足夠，你仍然可以為觀眾提供價值，抓住他們的注意力、符合他們的需求或期待，而最終結果（就觀看次數與參與方面）將會比大多數只管上傳到 YouTube 上的影片來得更好。

如同烹飪，如果你每天花時間在廚房根據食譜煮出相同的菜色，那麼你就會煮得愈來愈好。練習會帶來進步，而隨著時間的推移，進步會讓你做出令人們回味無窮、欲罷不能的食物。最終，你會變得非常厲害，每次都可以煮出讓你的家人們讚嘆不已的菜色。

YouTube 也是一樣的道理，你蒐集材料、製作影片，然後將其呈現給觀眾，目標是希望他們驚嘆並且想要更多。

順帶一提，想要知道我的千層麵和完美影片秘訣的範例，可以參考以下影片：TubeSecretsBook.com/Lasagna。

最重要的指標

如何在影片開頭的幾秒鐘內捉住觀眾的注意力，並且使他們持續觀看到最後？這就像是一頓美味餐點令人驚喜的最初那幾口。事實上，**YouTube 明確的優先事項之一為「觀眾滿意度」**，所以 YouTube

搜尋與發現的目標是**（1）幫助觀眾找到喜歡觀看的影片，和（2）最大化長期觀眾的參與度。**

YouTube 的觀眾總是在尋找優質內容，以滿足他們對娛樂、知識或教育的渴望。因此，你需要完美的食譜才能真正吸引他們、並維持他們的興趣。

在這個章節中，我們將告訴你完美食譜看起來會像什麼樣子，但是首先，讓我們討論一下 YouTube 演算法（和內容評論家）評斷你的影片的四種主要方式。用我們的比喻來說，這有點類似主廚試圖給美食評論家留下深刻的印象（換句話說，這可能是非常棘手的任務）。

分析你的 YouTube 頻道時，會使用相當多指標，但是若你想要給演算法留下深刻的印象，最重要的指標為：

1. 點閱率（Clickthrough Rate，CTR）
2. 平均觀看時間（Average View Duration，AVD）
3. 平均觀看比例（Average Percentage Viewed，APV）
4. 每位觀眾的平均觀看數量（Average Views Per Viewer，AVPV）

你可以在頻道中檢視每支影片的這些指標，或者也可以查看整個頻道的平均值。它們為什麼如此重要？因為這四個指標最能夠清楚說明理想的觀眾旅程，顯示一支影片如何在平台上瘋傳的過程。

有關如何在 YouTube 工作室（YouTube Studio）中找到這些指標的詳細步驟，請查看以下連結：TubeSecretsBook.com/Analytics。現在，我們要概述上面的四個指標，以幫助你入門。

點閱率

一間可能擁有世界上最令人驚嘆的食物的餐廳，如果餐廳的名字

不吸引人,或是網站上的食物照片看起來相當糟糕,那麼許多人會選擇不要去吃。

同樣地,你可以製作出世界上最讓人讚嘆的影片,但是如果主題、標題或縮圖無法激起任何人的興趣,就只會有少數人點選。因此,完美影片的配方從抓住觀眾眼球的精彩呈現開始。

簡而言之,點閱率是影片的點擊次數除以縮圖展示次數(即該影片的縮圖在 YouTube 上被看見的次數)。舉例來說,如果你的縮圖在 YouTube 上被看見 1000 次,而有 100 人點擊它,那麼你的影片點閱率為 10%。

這項指標重要的原因在於:如果你的點閱率高,YouTube 就更有可能對新的潛在觀眾推薦你的影片。像這樣薄弱的主題、標題或縮圖通常會導致較低的點閱率,可能會剝奪你的影片成功的機會。

> 重點:你的主題、標題和縮圖必須吸引足夠觀眾的興趣,使他們去點擊該影片!如果人們不點擊你的影片,YouTube 將不會推薦它們。

平均觀看時間

你克服了第一個挑戰——讓一位觀眾點進你的影片——接下來的挑戰是讓他們持續觀看。這就是為什麼「影片觀看次數」可能會成為一個誤導指標。一堆人可能因為引人注目的縮圖而點選影片,但是平均只看了 3 秒鐘就跳到其他影片,這就像是餐廳裡的客人,因為一道菜看起來好吃而點餐,但只吃了一口就把剩下的倒入垃圾桶內。

「它看起來很棒，但是嚐起來很恐怖！」

平均觀看時間是影片的總觀看時間除以影片播放的總次數（包括重複播放）。基本上，它就是評估你吸引觀眾和維持他們注意力的能力。如果你的影片無法抓住觀眾的注意力，他們將快速轉走，而你的影片的平均觀看時間會很短。這項指標之所以重要是因為 YouTube 當前的首要任務是讓觀眾盡可能長時間地留在平台上。

如果你的影片能讓人們持續觀看 5 分鐘，那很棒。能讓人們持續 10 或 20 分鐘？那就更好了。平均觀看時間並非根據你的影片長度，重點是觀看的總分鐘數。**你的任務是藉由讓觀眾盡可能長時間的觀看你的影片，由此來提高平均觀看時間。**

> 重點：分鐘數最重要！透過讓觀眾盡可能長時間的觀看你的影片，使你的平均觀看時間愈長愈好。

平均觀看比例

平均觀看比例測量的是觀眾觀看一支影片時，實際看了多少。例如：如果你發布一段 10 分鐘的影片，而一位觀眾看了 5 分鐘，那麼你的平均觀看比例會是 50%。

平均觀看比例和平均觀看時間有什麼差別？我們很高興你問這個問題。我們用一個例子來澄清。像是尚恩上傳一部教學影片到他的〈Think Media〉頻道上，這段影片長 45 分鐘。它的觀看次數超過 120 萬次，而影片持續被 YouTube 演算法所推薦，所以每小時的觀看次數約為 100 次。

為什麼 YouTube 會持續推薦？因為平均觀看時間為 8 分 57 秒，這是大多數 YouTube 影片平均觀看時間的兩倍，很棒！同時，因為這段教學影片非常長，人們很少全部看完。因此，儘管平均觀看時間很高，但是平均觀看比例只有 20.4%，並沒有那麼好。

儘管如此，人們平均觀看影片的時間稍微少於 9 分鐘，而每小時能夠讓數百人觀看影片 9 分鐘是相當傑出的表現。記住，**YouTube 的最終目標是讓人們留在平台上愈久愈好**。如果你每小時可以讓數百人觀看 9 分鐘的影片，演算法將會持續推薦你的影片給新的觀眾。

> 重點：「平均觀看比例」測量人們觀看一部影片的時長，而這段時間佔影片總時長的多少百分比。雖然分鐘數最重要，但是透過維持觀眾的興趣，讓他們堅持看到影片結束也很重要。

觀眾平均觀看多久？

每位觀眾的平均觀看次數有點難在 YouTube 工作室上面找到，因為它包含在所謂的「進階模式（advanced mode）」中，它可以讓你更深入地了解頻道和影片的表現。

讓我們再次使用食物來比喻：如果你經營一間當地的漢堡店，在 Yelp 網站上可以找到的話很不錯；讓顧客走進餐廳會更好，說服他們點多道菜並擁有良好的用餐體驗當然就更棒了！然而，這些都不是終極目標。

你餐廳的終極目標是培養忠實的顧客，他們會在未來幾年內經常

光顧這間餐廳。同理可證，當涉及你的 YouTube 頻道，讓新觀眾觀看一部影片很不錯，但是若能讓他們連續觀看多部影片當然是更好。然而，最終成就是培養超級忠實的粉絲，他們將在未來幾年內觀看你所有新發布的內容。

你可以透過觀眾點擊（點閱率）、抓住觀眾的注意力愈久愈好（平均觀看時間、平均觀看比例），以及充分吸引他們的興趣，讓他們在你的頻道上連續觀看多部影片（每位觀眾的平均觀看數量）來達到此終極目標。如果你的「每位觀眾的平均觀看數量」為 5，那就代表在你的頻道上，人們平均會接連觀看 5 部影片。

我們假設每部影片為 5 分鐘。那就代表觀眾平均會在你的頻道上花 25 分鐘與你的內容互動。就演算法而言，這完全可說是 YouTube 上的贏家。

在這裡需要澄清一下，我們並不是說獲得高點閱率、維持觀眾注意力（平均觀看時間、平均觀看比例）和讓他們在你的頻道上連續觀看多部影片（每位觀眾的平均觀看數量）很容易。然而，如果你了解這四項指標，那麼在讓 YouTube 推薦你的內容方面，你將擁有明顯的優勢，因為現在你明確知道該往什麼方向努力。

> **重點**：每位觀眾的平均觀看數量測量的是在特定時間內，觀眾在你的頻道上觀看了多少影片。YouTube 喜歡你透過讓觀眾觀看你頻道上的更多影片來保持他們對你內容的興趣。要記得：YouTube 喜歡你把觀眾留在這個網站上，這是 YouTube 獲利的基石，也應該是你的。

在 YouTube 工作室中的哪裡可以找到這些指標的詳細資訊，以及如何吸引更多影片觀看次數的其他見解，請拜訪以下網址：TubeSecretsBook.com/Analytics。

成功影片需要什麼？

為了製作出令人讚嘆的餐點，你首先必須取得正確的食材，然後將食材們結合在一起。

一旦你擁有了正確食材，也會想加入香料提味。YouTube 影片也一樣。如果希望創作出成功的影片，就必須把正確的材料結合在一起，然後添加適當的香料。

這裡有四種創作成功 YouTube 影片時需要的主要材料：

1. 核心概念　　2. 引子
3. 核心內容　　4. 快速轉換到另一支影片

接下來，讓我們來一一檢視它們吧！

核心概念

早在按下相機上的錄製鍵之前，創作就已經開始。

如同好萊塢的電影劇本作家試圖創作下一部大製作電影，你首先必須為影片想出一個核心概念。核心概念會透過你的**（1）主題（2）標題和（3）影片縮圖**向潛在觀眾傳達想法。

在好萊塢，一部電影的核心概念或是主題，通常是用一個句子來表達，這被稱為「故事梗概（logline）」。以下我要說的是一些知名電影的故事梗概範例：

- 《精靈總動員》（*Elf*）：聖誕小精靈前往紐約市。
- 《駭客任務》（*The Matrix*）：一名電腦駭客從神秘的叛亂者了解現實的真相，以及他在對抗控制者的戰爭中所扮演的角色。
- 《獅子王》（*The Lion King*）：小獅子辛巴，未來的國王，尋找自我認同的旅程。故事中，他渴望取悅他人以及挑戰界線的傾向有時會帶來麻煩。
- 《教父》（*The Godfather*）：一個犯罪組織王朝的年邁族長，將其秘密帝國的控制權移交給他不情願的兒子。

在好萊塢，故事梗概至關重要。如果它不能引起電影公司高層的注意，他們就不會注資，電影也無法製作。身為 YouTube 創作者，我們可以從此過程中學習。

如果你不能用一句強而有力、引人注目的宣傳文案來描述影片的核心概念，那麼你的點子可能就無法吸引觀眾的興趣並促使他們點選，或是你的進程將十分緩慢，磨消你的自信。

事實上，我們並非建議你為每支 YouTube 影片創造一句推廣文案，或是每部影片都必須擁有開創性的想法。然而，如果你希望獲得數千甚至是數百萬的觀看次數，那麼核心概念最好強而有力。

一旦你有了一個核心概念，你必須發想出一個有力的標題，它將透過提供好奇心與趣味來捕獲觀眾的注意力。你也應該事先計畫縮圖，即使你只有一點基本想法或是以其他縮圖或影像截圖作為靈感。

通常，頂尖的 YouTube 創作者會集思廣益出多部影片的創意、設計與那些創意相應的縮圖，然後評估它們是否值得製作。只有五分之一的創意可能會被實際創作出來。聽起來是浪費時間，但這是想出最佳創意的好辦法。

記住，僅僅具備所有食材並無法保證客人將享有絕佳的用餐經驗。你還必須以正確的溫度烹煮它們、適當擺盤並面帶微笑地把餐點呈現到喜歡這道食物的人面前。同樣地，帶出一個核心概念是關於了解你的觀眾，並以令人注目的主題、標題和縮圖來說服他們點選你的影片。

引子

一旦你說服觀眾點選你的影片，你必須提供他們一個強大的開場，讓他們知道自己做出正確選擇。這就稱為「引子」。此開場應該讓觀眾一瞥影片之後的內容，引誘他們看到最後。

你有過類似的經驗嗎？在瀏覽你最愛的串流服務時，你不經意看到一個實境節目，標題、描述和縮圖似乎引起了你的興趣。因此，你點選該節目並開始觀看。

最初幾分鐘，影片播放了幾段簡短又戲劇性的場景，讓你得以窺見這集即將發生的事。這就是它的引子！**透過提供你對之後內容的揣測而試圖說服你持續觀看到結束。**

「看到角色間戲劇化的爭吵了嗎？即將發生，所以請持續觀看這檔節目！」

事實上，班傑在這章節前面談過的那支千層麵影片中就做過相同的事。在影片的最初幾秒，他告訴觀眾可以期待什麼，同時展示誘人的烹飪過程視覺效果，甚至讓觀眾一窺最後的成品。班傑其實正在對觀眾提出預告：「如果你觀看此影片到最後，你將能夠做出這道令人讚嘆的餐點。」

它是對觀眾承諾：「**和我一起堅持到最後，我保證，你花費的時間絕對值得。**」

許多 YouTube 影片的引子片段可能只有 10 到 20 秒，就是對之後影片內容的簡單陳述，但是其實可以創作出更長的引子。事實上，**只要能夠發揮作用，引子安排多長都可以。**

對於任何一支 YouTube 影片來說，引子非常重要，我們或許可以寫一本關於它的書。事實上，我們的朋友布蘭登・肯恩（Brendan Kane）就這麼做了。那本書的書名為：《鉤引行銷》，歡迎各位讀者去看看。

不過，在開始之前，我們建議你花一點額外的時間設計影片的引子橋段。你可以說些什麼讓觀眾知道他們將會獲得的資訊或娛樂，而且值得他們花時間觀看你的影片？這是向觀眾保證他們絕不會後悔點擊你的影片，不妨考慮一些可以用來預告稍後內容的短影音。

我們看見創作者會犯的最大錯誤之一就是將引子片段限制在關於自己的長篇大論之上，通常是帶有包含音樂和動畫標誌的介紹串場。這些在一開始就佔據了太多時間。請切入主題，分享你的核心概念，並且讓觀眾可以窺見即將播出的內容，這才是你需要包含在引子片段的一切。

如果你想要好好地介紹一下自己，請留到之後的影片內容中。**讓自我介紹遠離引子內容！**

切記，你的目的是想讓觀眾盡可能長時間地觀看你的影片，所以如果你在最初幾秒內呈現無力的引子，那麼你不僅無法留住觀眾，影片也會表現不佳。

核心內容

核心內容是影片中最具價值的部分。現在，你可能會納悶一段理想的 YouTube 影片應該要多長。這沒有標準答案。精心剪輯的 5 分鐘

影片可以在 YouTube 上表現突出，長達一小時的教育影片也可以。如果你能向對你的核心概念有興趣的觀眾持續傳達價值，就有機會表現良好。

當然，**如果你剛起步，較短的影片或許比較好。**還不認識你的新觀眾，比起在你身上花費 45 分鐘，更有可能願意冒險花上 5 分鐘來觀看你的其中一支影片。我們建議你測試不同的影片長度以找出自己的最佳時間長度。然而，請記住，最佳的實踐準則是：**提供有價值的快節奏內容總會有最好的表現。**

當涉及你的內容，我們的朋友查琳・強森（Chalene Johnson）說過：「**簡短、正確、有趣，然後就完成了。**」

這樣做，讓你的影片更有趣

任何可以使你的影片更有趣的事，都將幫助你留住觀眾更久，並且更快贏得新觀眾。把它們想成是添加在餐點中的調味料，可以使食物嚐起來更棒。你不需要全部的調味料，但是在這裡或那裡添加一些將讓你的影片更上一層樓。

- **視覺效果和短影片**：在你的影片中加入稱為「輔助鏡頭（B-Roll）」的額外片段，它是盡可能長時間吸引觀眾注意力的最佳方法之一。
- **影片編輯**：雖然編輯影片並非必要，但是利用跳接（jump cuts）、轉場效果（transitions）和圖解（graphics）總能使你的影片更加有趣。
- **相機表現**（camera presence）：我必須說，除非你不在

YouTube 頻道露臉，否則你必須努力完善自己面對鏡頭的表現。承諾每次上傳的影片，你的表現都會比前一次進步1%。你可以透過鑽研厲害的溝通者與內容創作者、觀看最多人觀看的 TED 演講（編註：TED，美國私有非營利機構，每年 3 月召開一次 TED 大會，召集各領域傑出人物分享心得，並將演講內容上傳），加上練習、練習和練習來達成此目標。當你這麼做後，隨著時間的推移，你會對自己的進步感到驚訝。

- **準備**：儘管任何人都可以免費上傳影片到 YouTube 上，但是不代表你應該上傳雜亂無章的意識流（stream-of-consciousness）影片。更好的方法是詢問自己：「我製作這部影片到底是要給誰？」、「我希望人們從這支影片中得到什麼價值？」花幾分鐘組織你的內容、想法與創意，你將幫助自己創作出強大的影片。

- **切入要點**：刪除影片中無聊、不必要的部分。剪掉！這會讓你的影片時間少一半，但是內容價值多兩倍。YouTube 演算法將會獎勵你。

- **幽默**：維持觀眾注意力的最佳方式之一就是展現幽默，尤其你的內容呈現大量資訊。若無法自然帶出幽默，也不要強逼自己，但可以考慮藉由分享你的個性和一、兩則笑話來放鬆心情。就如瑪莉·波平斯（Mary Poppins）說的：「一匙糖可以降低藥的苦味。」

- **音樂**：透過音樂，你可以調節情緒、創造能量，並使觀

> 眾觀看更長的時間。這裡有個警告：確保使用無版權的音樂，否則你的影片可能會被標記或失去獲利資格。YouTubeMusic Library 是一個免費的資源，裡面為創作者提供了 100% 無版權的音樂。當然，也有像是 Epidemic Sound 這種付費資源可以利用。
> - **音效**：添加適當或有趣的音效可以讓你的影片更具吸引力。透過結合音效與音樂，與處在「荒唐模式」的特斯拉相比較，你將擁有更大的機會能留住觀眾注意力更長的時間並更快獲得新的觀看次數。

把粉絲轉換到另一支影片

如果你的核心概念、引子和影片的核心內容取得了成功，那麼觀眾應該會渴望更多。**你最後的目標是快速轉換核心內容，邀請觀眾觀看你的頻道中的另一部影片。**

你推薦的影片應該是他們剛才觀看的影片的補充。將其視為「第二部分」、下一個步驟，或是相關主題的一支影片。記住，你的目標是增加每位觀眾的平均觀看數量，所以理想上，觀眾將繼續深入探究你的頻道內容。替他們指點方向，這樣他們才知道哪裡可以找到更多自己可能有興趣的影片。

因此，最好的方式是使用 YouTube 的「片尾（end cards）」功能，這是 YouTube 工作室的一項特色，可以讓你在你的藏書室（library）

中選擇特定的影片，它將在你的影片剩下最後 20 秒鐘時顯示在螢幕上。觀眾可以點選該影片的影像，YouTube 就會直接將其播放出來。

> **實用撇步**
>
> 　　不要讓觀眾知道你正準備結束這段影片。從本書第一版問世以來，社群媒體變得比以往任何時候都更加擁擠和吵雜。數位平台上現在每天發布的訊息超過 600 億則！平均來說，一個人每 24 小時就會接觸 4000 到 1 萬個廣告。消費者面臨太多選擇，必須在幾毫秒內做出決定。我們看到創作者犯下的一個常見錯誤是在核心內容結束當下，就讓觀眾知道影片已經結束了。相關的錯誤則是等待很久才要求觀眾訂閱或延長影片的結尾。
>
> 　　如同布蘭登・肯恩在《鉤引行銷》裡解釋的：「你的事業是成功還是崩壞只需要 3 秒鐘。」大部分觀眾一旦發現影片的核心內容已經結束，他們就會停止觀看。所以你能把他們留在你的頻道的唯一機會是快速地把他們轉去觀看頻道中的其他影片。

　　透過結合四種要素（核心概念、引子、核心內容與快速轉換）和八種額外的香料，然後將它們均勻結合，烹調完美，你將創造出高品質的影片；並且同時包含對 YouTube 演算法而言，最重要的指標。當你做到這些，你的影片將明顯表現得更好，甚至可能被人們瘋傳。

　　如果你才剛開始，這一切可能都讓你感到有點不知所措。不要擔

心。在廚房中，偶爾混亂是正常的，即使是最棒的廚師也會發生。我們已經提供你完美的影片食譜，如此一來，你等於擁有一個模板可以為你帶來更好的結果，但不要害怕搞砸。不要以為自己從一開始就必須使用所有的成分和香料。

每個人在學習煮飯的過程中，都曾經燒焦一些肉、忘記加入某些食材，以及烹煮出幾道不怎麼美味的菜餚。成為世界級廚師的秘訣在於堅持不懈、不斷學習，然後隨著時間持續進步，YouTube 也是同理。記得我的這句話：你的第一支影片將會是你最糟糕的影片。

正如我們先前說的，**把你的目標設定為每次上傳的影片都比前一次進步 1%**。微小的改進將會帶來巨大的高峰，所以不要苛責自己。不要將自己 YouTube 旅程的第一篇章拿去跟其他人的第二十五篇章做比較。只要致力於完成工作並且「留在廚房中。」

現在，你已經在 YouTube 上發布影片，是時候利用社群媒體來進一步增加你的能見度了。因此，請翻到下一頁，讓我們一起看看可以如何使用社群媒體平台去提高你 YouTube 頻道的參與度。

▶ 注意！

內容永遠是你致勝的關鍵！沒有任何花招虛巧可以取代內容的地位——但記得，要讓你引以為傲的優質內容更容易被客群看見、讓更多人得到你的協助、受惠於你的智慧，因此擁有更好的人生，你需要幫助你的客群接觸、吸收與轉化。而接觸，是他們必須的第一步，你得幫幫他們。

重點整理

- Google 收購 YouTube，這兩者都有搜尋網站的特性。但 Google 是要盡快提供解決問題的方法、送走使用者，而 YouTube 的方向是要盡量留住觀眾。
- 你有機會從觀眾那邊爭取到 5 秒，所以如何使用這 5 秒至關重要。
- YouTube 明確的優先事項之一是「觀眾滿意度」，我想這也應該是你的優先事項。
- 競爭從觀眾掃視而過的主題、標題和縮圖就開始。
- 時常檢視影片的 4 項數據：點閱率（CTR）、平均觀看時間（AVD）、平均觀看比例（APV）、每位觀眾的平均觀看數量（AVPV）。

9

好的、壞的、醜陋的社群媒體
控制它,而不是讓它控制你

「不要利用社群媒體讓人留下深刻印象，而是要利用它去影響人們。」

——戴夫・威利斯（Dave Willis）

你最愛的飲料是什麼？我們是咖啡的忠實粉絲，這毫無疑問是因為我們都生長於太平洋西北地區，即星巴克（Starbucks）的故鄉。星巴克自創辦以來，已經發展成為擁有 34 萬 9000 名員工、淨價值超過 300 億美元的全球咖啡帝國。然而，此公司也曾經歷過一段幾乎失去一切的時期，因為它失去了焦點。

2003 年時，星巴克的迅速崛起達到巔峰。由於過度自信，或許再加上一點傲慢，公司的領導者開始認為他們能夠實現任何事。他們說：「我們不只是咖啡。」因此，星巴克建立了自己的唱片公司。2006 年，他們積極投入自己的第一部電影，與威廉・莫里斯事務所（William Morris Agency）合作發掘音樂、書籍和影片方面的人才，甚至在洛杉磯開設娛樂辦公室。

行銷專家撰寫了非常多有關星巴克這種創意擴展的文章，讚美這間公司的獨創性，但星巴克卻為此付出了代價。大家注意到，他們在新業務上傾注過多的精神和努力，以至於無法專注於維持自己最擅長的事：煮一杯好咖啡。

2008 年，這種失去焦點的作法開始影響星巴克。最忠實的客戶抱怨它的服務和品質出現瑕疵，而且許多人把消費星巴克的份額轉移到當地只專注於製作咖啡的咖啡廳。因此，星巴克被迫削減 1 萬 8000 個工作職缺並關閉 977 間店面，而且同一間店的銷售額全面下

降了 7%。股票則下跌了 7.83 美元，來到每股 39.63 美元的新低。這間公司當時面臨了大麻煩。

最終，這次的失敗成為一記敲醒領導階層的警鐘，他們決定重新專注於星巴克最擅長的事。他們刪除了大部分的「課外活動」，然後在咖啡上加倍練習。

到了 2014 年，與 2009 年相比，銷售額增長了 58%，同時股價飆升，而且從那以後，股價仍持續成長。

社群媒體可能是你的最大敵人

本書第一版發行時，這一章是在談論社群媒體對於你在 YouTube 上的成功是多麼重要與必要。然而，我們過去幾年學習了相當多事、廣泛研究 YouTube 的演算法，並大量發展我們的線上業務。因此，我們對於社群媒體的心態發生了澈底的改變。

所以，我們現在的意見是什麼？

如果你是一位試圖平衡學校、工作，或者是其他責任，同時又要持續創作和發布影片到頻道上的 YouTube 創作者，**社群媒體可能是你最大的敵人。**

為什麼？**因為社群媒體會使你分心，剝奪你的時間與精力，它們應該是要用於 YouTube 以更快達成你的目標。**我們看過無數創作者浪費好幾個鐘頭，試圖定期在每個社群媒體平台上發表文章，因此精疲力竭，他們辛苦工作，卻只帶來平凡無奇的結果。**當涉及社群媒體，你需要問問自己：「這是我的時間的最佳用途嗎？」**答案幾乎都是「No」。

發展 YouTube 的最佳方式為何？

其實，**發展 YouTube 頻道的最佳方式就是使用 YouTube 本身**。一支爆紅並在 YouTube 搜尋排名中名列前茅，或是由 YouTube 演算法推薦的影片，影響力絕對比創作者自己試圖在各個社群媒體平台上建立觀眾並引導至 YouTube 大上許多。

我要提醒你：花費時間和努力在多個社群媒體平台上建立觀眾的參與度以供應你 YouTube 頻道的成長，這有點像是星巴克試圖製作電影和音樂，因而取代了用在製作咖啡上的焦點一樣。它會稀釋你的努力，並且將減緩或停止你全面的發展。

數不清的案例都顯示試圖將 Facebook、Instagram、Tiktok 或 LinkedIn 的流量轉送到 YouTube 幾乎沒有效用。舉例來說，典型 Instagram 使用者的心態是繼續滑動手機、按讚影片、觀看短影音，和直接與朋友們私訊。從我們個人的研究和經驗來看，少於 5％的 Instagram 用戶，可能只有 1％會實際到你的個人簡介去點擊 YouTube 連結或是「上滑連結（swipe up）」。更糟的是，因為這種 Instagram 的心態，即使他們確實點擊了你的 YouTube 影片，他們也不太可能觀看超過幾秒鐘，這將傷害你的平均觀看時間。

另一方面，如果某人在 Google 或 YouTube 上搜尋特定的主題，然後偶然看見你的影片，他們更可能觀看影片到最後。為什麼呢？因為他們最初的意圖就是要尋找你正提供的資訊。**如果某人刻意從他們的電腦、電話或智慧型電視登入 YouTube，他們的目的就是在 YouTube 平台上花時間**。他們想要從自己最愛的頻道和由演算法推薦的影片中檢視最新的上傳內容。

這不是說你永遠不應該在 Facebook、Instagram 或 X 上發表貼文，

不主動讓你的追蹤者知道有關你最新的 YouTube 影片，而是表示這並不是一種有效的方式，可以讓你的 YouTube 頻道顯著成長，你應該把這點記在心裡。除此之外，它會分散你的注意力。

因為如此，我們強烈建議按照我們的完美影片食譜，將你大部分的時間和精神用於製作出最佳影片。即使當你開始在 YouTube 上累積動能，也要避免過快把內容創作精力擴展到其他社群媒體平台，以免分散自己的焦點。星巴克正要抵達成功巔峰時，卻因經不起誘惑而失去了自己應該關注的重點，所以，不要跟它一樣落入相同的陷阱。

我應該何時和如何使用社群媒體？

難道這意味著你應該完全避免使用社群媒體嗎？不盡然。這取決於你的商業模式、你的 YouTube 旅程所處的時期，以及你所擁有的資源。在接下來的部分中，我們將討論當你經歷「三種」不同的 YouTube 創作者時期時，利用社群媒體的最佳方式，此三個時期分別是：副業期（side-hustle）、個人創業期（solopreneurseason）和規模期（scale season）。

第一期：副業

你如何知道自己正處於副業期？那是當你還無法從 YouTube 和線上業務中賺取全職收入的時候。在此時期，你主要的時間是花在一份兼職或全職工作上。

你可能還在就學、致力於志工服務或是賺錢養家。無論是哪種情況，時間少且零碎，所以你必須明智地利用它。

現在，如果你已經在 TikTok 或 Instagram 上擁有大量追蹤者，那麼在社群媒體平台上宣傳你新的 YouTube 頻道是有意義的，以便盡可能的把愈多觀眾吸引到你的頻道。然而，大多數人在副業期時，各個平台也都是從零開始。

將你大部分精力集中在創建 YouTube 內容、學習和提升使用 YouTube 的技能，以及利用這個平台的新特色是非常重要的。我們將在第十五章中探討這些新特色，但現在，請下定決心專注於你的 YouTube 頻道，至少到目前為止，這是頻道成長的最佳方法。

在此時期，你可以問問自己一個好問題：「賺錢的最短途徑是什麼？這樣我才能投入更多時間和注意力去發展我的 YouTube 業務。」利用本書的策略去獲得觀看次數，如此一來，你可以像第六章中提到的一樣，把觀看次數轉換成現金。如果你想要做全職的 YouTuber，那麼這必須是你的首要焦點。這項工作很困難，而時間稀少，所以請積極地避免令自己陷入分心的情況！

儘管如此，當你處在 YouTube 副業期時，**我們建議你在與你的觀眾和利基市場最相關的社群媒體平台上建立形象**。你不需要花時間在這些平台上發布原創內容，而是利用它們去連結他人。尤其是你可以使用它們與其他創作者合作，或者你可以嘗試聯繫品牌以得到贊助。

把你的名字設為多個社群媒體平台的使用者名稱也會有幫助，這樣你之後可以使用它們。一旦你的收入和資源增加，就能夠以此為基礎繼續發展。

處在副業期時，請記住麥可・喬丹（Michael Jordan）的忠告：「**像雷射一樣聚焦，而不是像手電筒。**」

這正是尚恩創建〈Think Media〉時所做的事。他當時在很大程度上忽略經營社群媒體這一塊，Instagram 和 Facebook 只用於發布關

於他個人和家庭生活的貼文以及與所愛之人聯絡。他唯一的焦點是放在製作會登上搜尋排名的 YouTube 影片，然後聰明地將它們與變現策略（如聯盟行銷）連結起來。

第二期：個人創業期

恭喜你！**在此階段，你已經辭去工作，因為現在你可以用網路上所賺的錢支付所有開銷**。你發現自己正在一台跑步機上，試著完成這一切，並且希望金錢能持續進來。

進入個人創業期是一個值得慶祝的重要里程碑，但是你必須保持警惕以維護自己的注意力——尤其是涉及社群媒體時。你需要再次問問自己：「我的時間的最佳利用方式是什麼？」

為此，你現在應該訂定一些明確的目標和抱負，並且定義你可以投入 YouTube 業務的時間究竟有多少。你可以每週花在 YouTube 上 40 到 60 小時，或者你限制自己只能投入 20 小時，剩下的時間要分給家人、朋友或其他計畫與嗜好。

我們的最佳建議是：加倍關注你的 YouTube 頻道，嘗試增加你每週發布的高品質影片數量。**在此時期，你可能會開始將內容創作擴展到其他平台上，但是要小心不要失去焦點**。

班傑在〈Video Influencers〉直播節目中曾專訪〈AuthenTech〉的班・施曼克（Ben Schmanke）。班多年來一直是全職創作者兼「一人樂團」，他不但把頻道發展到擁有超過 40 萬名訂閱者，還創造了六位數的業務，而且與妻子和兩個孩子保持良好關係，可以說兼顧了工作與生活的平衡。

根據班的說法：「當你處在建立 YouTube 業務的那個當下，會非常容易分心。」因此，他每週的首要任務是至少發布一支影片，可能

的話兩支。當他達成主要目標後，他會花一些時間在他所謂的「補充頻道」上頭。TikTok、Instagram 和 X 是他的最愛，因為他認為它們是通往他做為科技專家和教育者的最佳途徑。

班在 TikTok 上擁有最大的影響力，他有超過 10 萬名追蹤者，他的影片獲得了 140 萬個讚。他還創造了另一項收入來源：從 TikTok Creator Fund 賺取少量額外收入，並得到惠普（Hewlett Packard）的贊助合約。

而根據班的想法，在其他平台上進行實驗的好處是：在過程中可以學到很多東西。確實，班喜歡嘗試簡短的想法、創造只有幾秒鐘卻強而有力的引子，不過他稱 YouTube 為「國王平台」，因為那是他賺取最多收入以供應家庭的地方。他可能在 TikTok 上獲得數百萬個讚，但是他在那裡得到的經濟回報只是他 YouTube 收入的一小部分。

班十分明白自己的優先事項為何，所以他**在其他社群媒體平台上試驗、擴展和從事多種經營的同時仍能保持他的焦點**。在採訪過程中，他表示：「在 TikTok 上得到很多樂趣，也順便了解時下的熱門資訊。」

這就是在個人創業期維持專注同時擴展業務的力量。記得，不要忽略了你核心的收入來源，即 YouTube。或許你已經贏得了權利，並創造了足夠的利潤，但你仍然可以在社群媒體上花很多時間，如果你喜歡的話。

第三期：規模期

根據領導力專家約翰‧麥斯威爾（John Maxwell）所說：「1 是一個太小的數字，難以實現偉大。」麥斯威爾相信團隊合作是偉大成就的核心。

我們將在第十三章討論如何建立一個團隊，但是**規模期的關鍵在於：你不再是「做所有事」的個人創業者**。現在，你建立一個團隊幫助你完成使命，而且你可以請團隊中的一些成員去經營其他的社群媒體平台。

一定要謹記在心，**關於社群媒體，你可能犯下的最大錯誤就是：當你欠缺跟某些人一樣的資源時，仍嘗試模仿他們正在做的事**。舉例來說：暢銷書作家、商業領袖和YouTube名人蓋瑞·范納洽（Gary Vaynerchuk）說過：「如果你不是正在製作100個內容片段……那每一天世界上最好的機會都在離你而去。」

你可能會想：「每天100個短影音？如果我嘗試持續這麼做，我會過勞死！」我們與蓋瑞·范納洽的想法是不是有矛盾？我們剛剛告訴你要盡量忽略社群媒體，但是蓋瑞說你必須在社群媒體上付出極大的心血。所以，誰是對的？

其實，我們都是正確的。你想想，蓋瑞在YouTube上擁有350萬名訂閱者，他的企業擁有超過1000名員工，其中包括一支由30多人組成的專門團隊，特別致力於打造他的個人品牌。他們的工作之一就是把他的主題演講轉變成社群媒體的內容。一則演說可以轉成64段不同的影片，並且發布到Facebook、X、TikTok、LinkedIn、Pinterest、YouTube、YouTube Shorts、Instagram，、Snapchat、Discord、Medium.com、電子郵件、簡訊和其他平台上。

順便一提，如果你想要學習蓋瑞團隊創造內容的系統，可以檢視蓋瑞在網站TubeSecretsBook.com/64PostsPerDay上所分享的免費SlideShare。

最終，我們訪談過的上百位成功的YouTube創作者，其中大多數背後都擁有一個團隊。很少人像蓋瑞一樣擁有30名全職員工，但是

許多人都有家庭成員兼職協助他們，或是有虛擬助理，甚至是一名從 Upwork.com 找的全職承包商，專門負責處理行政工作與社群媒體。

也有一些服務可以把你的 YouTube 影片轉成短影音，讓你發布於社群媒體上。〈Keto Kamp〉的班・阿扎迪使用 Repurpose House 的服務，它可以根據你的影片創造出帶有你自訂品牌的方形、垂直和橫向格式的短影音，而且每月費用不到 500 美元。當然，你還是必須提交影片中，希望剪輯的時間標記，並撰寫一個吸引人的標題，以便抓住社群媒體用戶的目光。班也使用一位虛擬助手，負責在他的社群媒體平台上發布短影音。

那麼，在 YouTube 旅程中，你預計每一時期會停留多久？這將根據情況而有所不同。尚恩從 2010 年到 2015 年都處於副業期，最後，在 2015 年末變成全職創作者。

然而，他立刻意識到自己需要幫助，所以他開始建立自己的團隊。即使有幾個人協助〈Think Media〉的工作，但社群媒體仍不是優先事項，他反而加倍上傳 YouTube 影片，並且製造自己的產品。他的目標是「為使命創造更多金錢」，如此一來，他將能影響更多人、並且在拓展到新領域前招募到額外的團隊成員。

如果你才剛開始，試圖模仿尚恩在社群媒體上所發布的內容量將會是一個巨大的錯誤。〈Think Media〉現在是個 20 人的團隊。它不再像 2010 年那時一樣是一個人的副業。

保持專注！毫不留情地消除令你分心、浪費時間和低價值的任務，這些任務不會讓你更接近你的目標。透過保持專注，你將更快賺到錢、騰出更多時間，且能夠讓自己建立一個支援系統去幫助你實現個人對頻道的願景。記住，第三階段的關鍵是建立一個團隊和系統，它們將使你能夠持續在社群媒體上產出品質一致的內容。

社群媒體真正的作用——幫你擴大規模

班傑的故事是一個好例子,讓大家知道及早播下種子,將如何為日後帶來豐富的機會。

最初,他大部分的時間都專注於 YouTube 頻道及業務。一旦建立起動能後,他開始註冊 Facebook、Instagram 和 Snapchat 等新興平台,盡可能地發布貼文(即使無法每天更新),以維持與他人的聯繫,隨著時間過去,追蹤者也增加了。

這些平台上的追蹤者並沒有替班傑的 YouTube 影片帶來什麼改變,但是它們與他的觀眾建立了深度,然後又進化為更深層的連結。幾年後,在獲得了數十萬追蹤者,並發展出核心追蹤者之後,社群媒體為他帶來了一些絕佳的機會。除了每年六位數的品牌收入外,他也能夠利用自己的影響力去與其他網紅合作、並最大化他的商業投資。

他與觀眾之間的關係是無價的。如果他多年前沒有開始經營社群媒體,他就不會成為一個有影響力的人,粉絲也不會與他有那麼深的聯繫。

每個社群媒體平台的秘密關鍵

如果你想在特定的社群媒體平台上有所成長,你必須學習並掌握那個平台。除非你擁有大量追蹤者,否則把一名觀眾從一個平台轉移到另一個很少會產生什麼效用。即便你有很多追蹤者,你仍舊必須了解該平台,才能使其發揮作用。

舉例而言,要在 Instagram 上成長的最佳方式:在 Instagram feed

發布精彩內容、優化個人資料、發布 Reels、利用 Instagram Live，並且使用 Instagram Video 上傳較長的影片。

發展 TikTok 的最佳方式：創造會被 TikTok 演算法推薦的優質、一致的內容。

發展 LinkedIn 的最佳方式：完善個人資料，並且發布有意義的短文、照片、影片、文章和直播，並且嘗試 LinkedIn Stories 等新的特色功能。

記得，不要忘記回應評論、在他人貼文上撰寫評論和用私訊與人們聯繫的重要性。

就個人而言，我們喜愛社群媒體，雖然我們在這章的開頭提出了強烈警告。如果你投入足夠的時間和精神，那麼它會發揮功用。然而，時間和精力都是稀缺的資源，所以在剛開始踏上 YouTube 的旅程時，請明智地挑選你的戰場。

隨著時間推移，你可以建立一支軍隊，幫助你在新的前線打贏更多戰爭。

訂定你的社群媒體遊戲計畫

著有《深度數位大掃除：3分飽連線方案，在喧囂世界過專注人生》的卡爾・紐波特（Cal Newport），他鼓勵創作者在這個喧囂的世界中選擇過專注的人生。就如同他所寫的：「我們過度誇大了社群媒體的好處，而低估它的負面影響和成本。」因此，如果你仍在努力釐清如何最好地利用社群媒體發展 YouTube 頻道和線上業務，我們建議你問問自己以下問題：

- 你現在正處於哪個時期，目前你利用時間的最佳方式為何？
- YouTube 頻道的成長大部分是從哪裡來？
- 做更多已經有效的事而不是開始新的事會更好嗎？
- 你的目標觀眾是誰，他們最常在哪個社群媒體平台上活動？
- 如果 YouTube 是你的主要焦點，那麼額外開始用來接觸你的目標族群的最好平台會是什麼？
- 盤點一下，你是否已經透過使用 Community tab、YouTube Stories、YouTube Live 和 YouTube Shorts 來最大化 YouTube 平台的潛力？（我們將在第十五章進行更詳細的討論）
- 你為了家庭、朋友和樂趣使用哪種社群媒體平台？你會用哪個社群媒體平台發展網路業務？
- 你應該停止做什麼事，使自己可以專注於本身最大的力量和影響力？

社群媒體並非單純的好、壞或醜陋。它只是另一個你可以使用的工具，而它的價值來自於你如何使用它。毫無疑問地，它將繼續成為未來十年的主要潮流，如果你沒有失去焦點，那它仍然會是強而有力的工具，協助你經營 YouTube 頻道、發展電子商務，甚至幫助你寫下你的傳奇。

專注是力量。

從星巴克的例子中學習教訓，不妨將你最具影響力的活動，作為日常生活的核心吧。

下一章我們將告訴你如何製作一支在未來幾年不斷會在 YouTube 上獲得觀看次數和為你帶來收入的影片，所以翻到下一頁，讓我們一起看看如何使 YouTube 替你工作——即使是你在睡覺的時候。

注意！

需要接觸、布局每一個社交網路平台嗎？或許這麼做可以最大推廣你的優質內容，而且你肯定希望與客群交流、實際體察他們的需求，以及對你的期待。但是要記得：**這不會是你最重要的事**。當你覺得時間不夠用，停下來，檢查你的工作清單。你肯定是被其他的有趣事物、或獲利可能吸走了，你得回到正確方向。

重 點 整 理

- 社群媒體可能是你最大的敵人──要記得：宣傳很重要，但更重要的永遠是你的內容、與更新的規律。
- Facebook、Instagram、Tiktok 或 LinkedIn 會不會把觀眾轉移到你的 YouTube 頻道？或許會，但效果遠沒有你想的那麼好。
- 重點永遠在你提供的價值：當使用者搜尋特定的主題，然後找到你的影片，他們更可能觀看影片到最後。為什麼？因為他們要找的正是你提供的資訊。
- 這會對你的所有數據都產生正面效益，YouTube 也會更愛你。
- 你還是應該在 Facebook、Instagram 或 X 上發表貼文，但要很明確地知道真正重要的事──你發表的影片與內容，不能因為忙於社交媒體而被耽擱或降低品質。

| 10 |

可發現性
自動吸引理想觀眾

「隱藏一具屍體的最佳地點，就是 Google 搜尋引擎的第二頁。」

——匿名

企業和品牌都明白讓自己的網站和內容顯示在搜尋結果第一頁的重要性。成為目標觀眾詢問問題時的答案可以決定企業的成敗。顯示在第一頁意味著中等成功和巨大成功之間的差異。

Google 仍然可以說是所有問題的第一搜尋引擎，**但是很少人知道第二大的搜尋引擎是哪一個**。你要猜猜看嗎？是 Bing 還是 Yahoo？都不是，**其實是 YouTube**。**人們忘記了 YouTube 本質上是一個搜尋引擎**。這種搜尋能力為你提供了一個被他人發現的巨大機會。YouTube 的搜尋量超過 Bing、Yahoo、AOL 和 Ask.com 搜尋量的總和。

什麼是「可發現性」？

當某人在 YouTube 的搜尋欄位輸入與你的頻道相關的字串，你會希望你的影片顯示在最初的幾個搜尋結果中。如果你的其中一支影片顯示在推薦影片的前幾名，無論你是否有發布新內容，都可以得到觀看次數和訂閱者。

以班傑的烹飪頻道為例，他曾經上傳一支關於在瓦斯爐上烹飪爆米花的影片。如果在 YouTube 的搜尋欄位輸入「stovetop popcorn recipe」，那麼他的影片將出現在搜尋結果的前幾順位，你可以親自

試試看。當然，這個結果很棒，但是讓我們進行更深入的分析。在撰寫本書第二版的期間，他的這支影片每小時會獲得 39 次的觀看次數。若你把數字加總起來，一天就會被觀看 936 次；一年就是 34 萬次。

這裡的重點是，那支影片是七年前拍攝的，至今的觀看次數已經超過 200 萬次。班傑從前確實花費時間與心力製作那段影片，因此它仍持續帶來效益，而且每天被 1000 個新觀眾發現。這就是排在搜尋結果前幾名的力量。因此，如果你想建立影響力，千萬不要忽略策略性地去最佳化你的影片，使它們能被輕易搜尋到。

尚恩在 2015 年發布了一支影片，標題為：「What Is Amazon Prime and Is It Worth It?」這支影片至今仍然每天被觀看，而它也成為被動收入的一個主要來源，每當有人註冊 Amazon Prime 試用時，亞馬遜就會支付尚恩 3 美元的獎金。**當你將 YouTube 搜尋引擎的力量和聰明的變現策略結合在一起，你的收入就能飛速成長。**

每天有 1000 名新用戶看到你品牌的 YouTube 頻道，對你會有任何好處嗎？我們現在不是在談論付費廣告、也不是在談論將汽油放在車上，開著車挨家挨戶地宣傳產品或服務，更不是在討論要聘請公關公司進行宣傳。我們正在談論的是利用這個名為 YouTube 的免費平台，並利用大量的可發現性因子去幫助你的內容顯現在搜尋結果上面，而且這不是某件你應該偶爾做的事。聽著：**提升搜尋排名需要成為你持續發展策略的一部分。**

如果你上 YouTube 輸入「cheap cameras for YouTube」，你將會發現尚恩的其中一支影片在過去幾年獲得超過 280 萬次觀看。你的影片可以怎麼做以得到相同的結果？當尚恩發現 YouTube 搜尋引擎的力量後，他就致力於創造一個會進入搜尋排行榜中的影片庫。開始時很慢，一次一支影片。並非每支影片都能進入搜尋的前面序位，但有一

些成功了,而且有一些 10 年前創作的影片仍持續獲得觀看!今天,他的頻道〈Think Media〉每 60 分鐘會被觀看 6000 次,也就是每兩天的觀看次數可高達 25 萬次。這就像一列來自 YouTube 的連續觀看貨運列車。氣勢驚人!

提高「可發現性」

讓我們來檢視幾個改良影片的方法,讓它們在搜尋結果中的排名更高。

我們正在討論的內容被稱作影片搜尋引擎最佳化(Video SEO,search engine optimization),這是指最佳化影片的過程,使它們不僅引起目前你的訂閱者的興趣,還會引發 YouTube 搜尋引擎的興趣。

當你執行搜尋引擎最佳化時,讓搜尋引擎更容易知道那段影片是否與觀眾的搜尋目標有關。能做到這一點,你的影片排名將開始提高。**在 YouTube 上,影片搜尋引擎最佳化最重要的就是標題、縮圖和讓觀眾持續觀看的內容**,如同「完美影片食譜」那一章所分享的。然而,秘密其實在於影片主題:**創作出人們實際會搜尋的影片**。

「發現」始於清楚他人想要「尋找」什麼。一旦你發現了一個強大的影片主題,它將決定影片創作過程的其餘部分。為了增加你的影片的可發現性,問問自己:「我的目標觀眾正在 YouTube 上搜尋的前 10 到前 20 名的問題是什麼?」

執行此方法的一個實際辦法是利用 YouTube 搜尋欄。如果你已經使用 YouTube 很長一段時間,你可能會注意到:在搜尋欄輸入一些字串時,它會在你的搜尋下方跳出幾項自己的預測清單。

然而，你可能沒有意識到，那些預測其實是來自世界各地人們正在搜尋的內容。它們代表著與你輸入的內容有關，且最常被搜尋的術語。舉例來說，如果你在搜尋欄輸入「如何烹調培根」，預測清單將會呈現人們喜歡搜尋的各種食譜。

要利用此功能，請先參考搜尋欄的預測，以便釐清你的目標觀眾正在搜尋什麼內容，然後以相關的方式創作出符合那些主題、問題或探究的內容。

不要嘗試在一支影片中涵蓋太多主題。相反地，試著製作一系列關於十種不同早餐食譜的影片，並將其製作成十段不同的影片，每一段影片都聚焦在一份特別的食譜上。與其一支影片就包含各種烹飪早餐的主題，不如分開來；一支影片說明如何烹調培根，另一支影片示範製作新鮮現榨柳橙汁，再來一段影片講解如何烹煮完美的雞蛋。通常，內容創作者都希望影片內容非常豐富，但透過集中焦點以解決觀眾正在詢問的具體問題，你將獲得更好的結果。

繼續上面的培根例子，根據 YouTube 預測的確切詞組來建立標題，並在描述和標記（tags）中包含該詞組的同義詞。例如：班傑影片的主題為「烹煮培根最簡單的方法」，而在內容描述中，他包含了相同詞組的同義詞；標記中則包括了像是「如何烹煮培根」、「烤箱中的培根」和「培根教學」。

假設你的專長是健身領域，那麼你可以創作一段健身影片，標題訂為：「男士如何在家健身運動。」為了進一步拓展你的內容，你可以將影片分成多段較短的影片，而且每一段都著重在一個更具體的主題上，如：「男士二頭肌鍛鍊」、「男士腿部肌肉群鍛鍊」和「男士肩部鍛鍊慣例」。透過將一段長時間的影片分拆為三段較短、更專門的影片，你就創造出三種讓人們發現你的影片的不同方式。

如果你到 YouTube 搜尋欄輸入：「如何維持動機」，然後留下空格，YouTube 將提供許多微妙的預測，諸如：「如何維持減重的動機」、「如何維持運動的動機」、「如何維持使用 YouTube 的動機」、「如何維持學習的動機」以及「如何維持在困難時期的動機」。注意，上述每一個例子都可提供截然不同的影片創意，其中一個可能適用於健身，而另一個「如何維持使用 YouTube 的動機」則可能適用於〈Video Influencers〉。利用此方式去發現一些策略性的影片創意，這將有助於 YouTube 搜尋引擎發現你的內容。

無論你的利基點為何，你都可以採取這種方式，因為人們幾乎會詢問任何主題的問題。你的目標是發現那些可搜尋到的影片創意有哪些，並圍繞著那些術語創造出高品質的策略內容。

製作基於搜尋的內容是新手獲得觀看次數的最佳方法之一，隨著時間的推移，它可能會帶來數百萬觀看次數。然而，YouTube 的搜尋流量（search traffic）只佔 YouTube 流量的 10％。順帶一提，**如果你才剛接觸「流量」這個專有名詞，它本質上意味著「觀眾」或「拜訪者」**。我們在本書中會交替使用這幾個名詞。

你可以利用 YouTube 可發現性的另一個方面是「推薦」或「相關」影片。**YouTube 上流量的最大來源是被推薦的影片。人們觀看的影片中，有 70％透過推薦演算法來決定**。被推薦的影片會出現在 YouTube 的首頁，在桌上型電腦的側邊欄中、行動裝置上的影片下方或用戶目前正在觀看的影片結尾。

當你花時間進行主題研究後，接著遵循完美影片食譜，然後在最佳化你的影片描述和後設資料（metadata）時避免偷工減料，你將可以為你的影片提供從搜尋到被推薦兩方面都獲得流量的最佳機會。**娛樂頻道通常是經由 YouTube 演算法的推薦而得到最多的觀看次數；**

教育頻道則通常是從「搜尋」得到最多觀看次數。你的目標應該是兩方面都利用。

尚恩的頻道〈Think Media〉是落在教育類別，所以該頻道每個月有 40%、超過 350 萬的觀看次數是來自 YouTube 搜尋，而 26% 來自被推薦，這相當於每個月超過 230 萬次的觀看次數！班傑和他太太的 Vlog 頻道是屬於娛樂範疇，平均獲得 500 萬次觀看。其中 75% 來自 YouTube 的推薦影片，只有 5% 是來自搜尋。

這是另一個為什麼 YouTube 如此令人讚賞的原因。新用戶可以透過直接搜尋特定的主題來發現你的內容，或是由 YouTube 透過觀察他們的觀看行為，然後把你的影片推薦給他們。

創作前就最佳化

為了將可發現性融入你的整體影片策略，在按下錄製鍵前，你永遠要先進行研究。目標是要確定你正在考慮創作的影片主題是否受到廣泛的注意，並利用這種關注設計影片標題。

我們看見人們犯下的一個巨大錯誤是錄完影片後，才試圖優化它們，而我們相信你應該顛倒此順序。

有策略地發想核心概念，然後在開始拍攝前先做好縮圖，這樣一來，你將能夠為人們正在搜尋的確切問題創作出最相關的內容。正如我們之前提過的，你可以利用 YouTube 的搜尋欄去快速發想出影片創意，只要輸入詞語，並檢視 YouTube 的預測選項即可。

為了獲得更深入的見解，包括發現每個月有多少人對特定主題感興趣，我們喜歡使用 keywordsEverywhere.com、Wordstream.com 和

vidIQ.com 等工具。如果只能從中挑選一個，我們最愛的關鍵字與主題研究工具是 vidIQ.com。關於如何使用它的快速教學，請參考 TubeSecretsBook.com/vidIQ。

使你的研究發揮作用的關鍵是：

1. 清楚地了解正在搜尋你的內容的觀眾的意圖。
2. 為你的影片想標題，讓它們能夠直接與觀眾對話。
3. 確保影片的內容確實傳達你寫在標題裡的承諾。

假設你專精於生活型態與美容領域，你發布一支進階化妝教學，但是標題卻是「最容易的妝容」，只因為你在進行研究時發現這個標題似乎有不錯的效果。這樣做顯然不具策略性，因為你的內容與觀眾期望的不同。這個例子可能過於明顯，但正是那些微妙的細微差別決定這個策略的成敗。Google 和 YouTube 希望替他們用戶的探問提供最符合的內容，因此，你的內容若與需要的答案愈一致，你的內容排名肯定會愈高。

你需要從第一天起，在你尚未擁有任何一位訂閱者之前就專注於影片搜尋引擎最佳化。事實上，**從你計畫頻道的那一刻開始，搜尋引擎最佳化就應該是首要任務。**

如果你建立了頻道的基礎，長期來看你將產生更多流量。一段精心設計、專注於搜尋引擎最佳化的影片將會持續獲得推薦——即使在你遺忘它的存在之後。

練習造就進步。當你開始在內容創作中融入影片搜尋引擎最佳化後，你將會愈來愈精熟。然而，如果你的內容不好，那即使是世界上頂尖的影片搜尋引擎最佳化也無法帶來什麼幫助。**經過策略定位和最佳化又有價值且吸引人的內容將會是一個無與倫比的組合。**

在此章節，我們分享了影片排名的基礎知識，但是 YouTube 持續在更新，因此你會需要新的策略和辦法。如果你有興趣了解最佳新工具和軟體的具體細節，以尋找可賺錢的影片創意、對它們進行排名並以多種方式將它們變現，歡迎你看看尚恩免費的 1 小時線上課程，網址為 TubeSecretsBook.com/FreeClass。

一旦你的影片排名開始提高，獲得更多觀看次數和被新用戶發現，你就開啟了與其他成功的 YouTuber 合作的大門。這就是我們接下來要討論的主題。

注意！

SEO 會是你在進入這個世界後最常接觸到的重要關鍵字，你甚至會因此考慮是不是需要接觸、布局每一個社交網路平台。或許這麼做可以最大推廣你的優質內容，而且你肯定希望與客群交流、實際體察他們的需求，以及對你的期待。但更好的做法是，善用 SEO ——科技的美妙之處——打造可以自動吸粉的內容。啊，甚至可以說，做好這件事，獲利會自己來找你。

重　點　整　理

- 目標愈小愈好，主題也是。思考你的主題，「煎蛋」、「蛋」、「培根」這樣的具體關鍵字，比籠統且巨大的「早餐」更好。

- 比起「健身」，具體的「男士二頭肌鍛鍊」、「男士腿部肌肉群鍛鍊」更好。
- 把大主題拆成許多小主題，會更明確、更有針對性。記得，短影音的做法可以讓觀眾迅速取得協助。
- 把大主題拆成許多小主題的另一個好處：你的影片數量也會增加。
- 搜尋引擎最佳化（SEO）與主題相關，讓你的標題非常明確，讓人能夠精準搜尋。
- 持續問自己：「我的目標觀眾正在 YouTube 上搜尋的前十到前二十名的問題是什麼？」

11

合作
讓你的觀眾成倍增長

「競爭讓我們更快;合作讓我們更好。」
　　——馬哈福茲・阿里・舒布拉(Mahfuz Ali Shuvra)

　　1990 年代早期,西岸嘻哈音樂在音樂界愈來愈受到歡迎和重視。1992 年,經典單曲《Nuthin' but a 'G' Thang》在《告示牌》百大熱門榜(Billboard Hot 100)中排名第二;在《熱門藍調 / 嘻哈歌曲》排行榜(Hot R&B/ Hip-Hop Songs chart)上則排名第一。這首歌是美國饒舌歌手德瑞醫生(Dr. Dre)和史努比狗狗(Snoop Dogg)的二重唱,收錄於德瑞的首張個人專輯《The Chronic》中。

　　史努比狗狗因為吸引更多聽眾並贏得極高知名度。儘管他在德瑞的《The Chronic》中留下了令人深刻的印象,但很少有人能預料到他之後會享譽全球,創下數百萬美元專輯銷量,還在電影和電視領域展開職業生涯。

　　有趣的是,史努比狗狗單獨擁有《Nuthin' but a 'G' Thang》的詞曲創作權。德瑞提供了更廣大的平台與聽眾,而史努比狗狗則貢獻自己創作排行榜冠軍歌曲的才華。這場合作對兩位藝術家而言,都是一次巨大的勝利。

　　合作對於藝術、音樂、電影、商業和 YouTube 方面都具有強大的力量。聰明的影響者不會袖手旁觀,被動地期待結果;他們會刻意培養有力的關係和追求合作機會。

　　要讓人們對你產生興趣,沒有比他們信任和喜愛的人把你推薦給他們更好的方法了。因為如此,我們相信**合作是增加收視率最快的方法之一**,僅次於讓影片爆紅。

與其他創作者合作

合作能帶來三種主要益處
- **接觸到新觀眾**。與你合作的網紅們通常已經在特定人群或族群中建立自己的觀眾群。
- **彼此分攤工作**。當你們合作時，有時候可以將影片創作的工作減半，且成功率倍增。
- **幫助你學習**。音樂家兼企業家的菲瑞·威廉斯（Pharrell Williams）說過：「與你可以從中學習的人們合作。」

除此之外，合作會擴展你的人際網絡並帶來友誼與商業關係。

合作者應具備的特質

你尋找的優秀合作者應該具備哪些特質？首先確保**他們與你的利基市場有一定程度的吻合**。我們不鼓勵只因為某個 YouTuber 知名度高就進行合作。如果他的觀眾與你的不一致，合作不會將你的內容曝光給適合的觀眾。

舉例來說，如果你擁有關注攝影、相機和燈光的技術頻道，你就不會想要與烹飪頻道的人合作。合作可能會很有趣，但是可能不是吸引目標觀眾或增加曝光度的最佳辦法。

然而，只是因為某人影片的內容類型不同並不代表觀眾沒有重疊。舉例來說：我們假設一個 YouTuber 特別專精於美式足球聯盟超級盃（NFL）的新聞與資訊，而你的頻道可以分享適合比賽當天的食

譜給足球迷。儘管這些頻道提供不同類型的內容，觀眾仍可透過對足球的共同興趣而結盟。考量潛在合作頻道觀眾的整體興趣和生活方式，即使你的頻道重點與潛在合作者不同，他們的觀眾還是可能會覺得它相關且令人興奮。

在考慮一次潛在的合作機會時，你必須先熟悉他們的內容和價值。你得觀看他們過去的影片、查看他們社群媒體的動態，並且評估他們的觀眾群。看看他們的 YouTube 頻道，如果你找不到任何與他人合作的線索，可能代表他們並不熱衷於此，但這不意味你不應該聯絡他們，而是你需要牢記這件事。另一方面，如果你發現他們已經與他人有多次合作，那麼他們與你合作的機會將提高許多。

人們為什麼要與新手合作？

你才剛開始，你尚未擁有廣大的觀眾群。為什麼有人會願意與你合作？

首先，**你可以藉由提供更多內容，來替他們的頻道增加價值**。即使相對來說你默默無聞，但若你能幫他們的頻道做出貢獻，對創作者來說仍十分具有吸引力。增添價值不僅僅是關於內容本身，你也可以幫他們節省時間。成熟的創作者往往很難找到足夠的時間創作他們想要創作的所有內容，而透過幫助他們，即使你的觀眾很少，你也給了他們一個充分的合作理由。因此，請主動提供設定拍攝或編輯影片的協助。

第二，**你可能具備特殊技巧、知識、經驗或權威，所以你能在他們的內容中添加他們無法提供的價值**。例如：班傑在他的頻道中談論

烹飪和採買食物；然而，他不可能無所不知。因此，他經常與其他創作者合作，那些創作者在特定主題上的知識比他精通許多。

當討論有機和普通食物之間的差異時，他與〈RawBrahs〉合作，因為此頻道的創作兄弟檔是過著以利用天然食物為主的生活型態，所以他們在關於有機食物的主題上擁有非常豐富的知識（即使他們的觀眾群相較起來很小）。感謝他們的專長，那支影片的內容不僅為班傑的觀眾提供絕佳的價值，也讓〈RawBrahs〉承擔大部分繁重內容的製作，更不用說向兩方的觀眾進行交叉宣傳的效果。

第三，你可能會為合作的 YouTuber 帶來新鮮的想法。任何長期從事創作的創作者都知道，不斷想出新的創意極具挑戰性。YouTube 新手可以為他們的頻道帶來新鮮的想法，這對於面臨停滯危險的頻道來說是一個巨大的緩解。

第四，你可以提供技術支持。某人是全職 YouTuber，並不代表他們知道如何使用該行業的所有工具。許多知名的 YouTuber 是使用簡單的傻瓜相機，因此如果你是一名攝影師，如果你可以接觸或借到高級設備，那麼你就為他們提供了製作更高水準內容的機會。

合作是〈Video Influencers〉與其他人交流聯繫的方式。當我們第一次碰面時，尚恩發現班傑和他太太都是 YouTuber，而尚恩則更專注於影片製作和幕後工作，因此促成了一次很棒的合作。尚恩帶來了一套獨特的技巧，如前所說，我們一起製作了一部名為「婚禮系列」的影片，最終是雙贏的局面。班傑在鏡頭前工作，尚恩在鏡頭後擔任導演和攝影，這種團隊動力奠定了〈Video Influencers〉的基礎。

即使你才剛開始，也不要猶豫與他人聯繫。我們時常忘記大多數人都喜歡幫助別人，而且詢問又無傷大雅。詢問不能保證你將會得到合作的機會，但是不問，你就永遠無法與其他人合作。

尋找並聯繫合作者

建立一張電子表格，列出你想要合作的人。我們使用 Google 試算表（Google Sheets），因為我們想要合作和採訪的人員名單不斷增加，如此才能有效記錄。Google 試算表將他們以及他們的社群媒體帳戶、我們可以找到的任何聯絡資訊以及備忘錄都集中在一個地方，以便我們可以策略性地定期與他們聯繫。

現代人都很忙碌，所以大家的收件匣和社群媒體上的訊息也很擁擠。因此，我們建議聯絡想合作對象的次數為每季一次或每年兩次。

> **實用撇步**
> 聯絡愈多人，你得到合作的機會就愈高。

尋找 YouTube 上的其他創作者合作時，成功的最佳機會通常來自規模相當的頻道。當然，每個人都希望能與更大、更成功的頻道合作，但是那些人收到的邀請也一定非常多。擁有與你差不多規模頻道的創作者會更可能做出正面的回應。

話雖如此，還是請你記住，比起觀眾數量，觀眾之間分享共同興趣和對內容產生相似化學反應更為重要。

希望與一名更具影響力或更成功的 YouTuber 合作的最佳方式為向他們提出採訪的請求。利用採訪的機會，你不用把自己定位成他們的同儕。相反地，你可以把自己定位成將要幫助他們把資訊、智慧、建議和見解分享給更廣大的觀眾群。這樣他們不需要拘泥在特定的承

諾。Zoom 和 StreamYard 等工具讓錄影或直播訪談執行起來變得相當簡單。這些工具使你可以從世界任何一個地方去採訪人們，並將訪談內容分享到你的 YouTube 頻道上。

採訪這個方法對我們來說很有用。我們不僅訪談了相似規模頻道的創作者，還認識了擁有更大觀眾群的創作者們。當我們的〈Video Influencers〉頻道只有 1 萬名訂閱者時，我們就能夠讓擁有數百萬訂閱者的內容創作者同意接受採訪。

讓受訪者同意邀約的辦法之一就是專注於盡可能地增加價值。舉例來說：如果一名創作者正在撰寫一本書，我們會與我們的觀眾分享關於那本書的資訊。

我們的目標是提供高品質的採訪，宣傳他們的內容和計畫，並盡最大努力去分享訪談的內容，藉此展現我們對他們接受我們採訪的尊重與感謝。

另一個接觸潛在合作者的好方法是透過活動。在 YouTube 領域，VidCon、Playlist Live、CVX Live、VidSummit、Video Marketing World、Grow with Video Live 和 ClamourCon 等現場活動持續受到歡迎。它們提供你絕佳的機會去認識你希望合作的對象。如果你有目的且有策略，你可以提前安排好合作計畫，並在這些活動中進行錄影。

此外，透過參與活動，你可以建立人際網絡和播下未來合作的種子。參與當地的活動也有一樣的功用，即使當地的 YouTuber 與你的利基市場沒有直接相關，但是他們或許能提供你機會去認識之後可能想要合作的對象。

我們總是尋找當地的社群媒體、影片製作、小型企業和創業活動，透過這些活動建立許多重要的人際關係。我們大多數的合作都發生在這些活動期間，而且通常是在活動當天才安排好。如果人們願意

花時間、金錢和心力去參加一場特別的活動，那麼他們也很有可能願意接受拍攝合作影片或現場訪談的邀請。

稍早前，我們談論過一次拍攝「多部影片」這種成批製作內容的力量，活動中就很適用這種方式。在一場舉辦在棕櫚泉（Palm Springs），名為「ClamourCon」的活動中，我們在兩天內拍攝了20支採訪影片。這是一項繁重的工作，到第二天結束時我們已經用腦過度了。然而，離開活動時，我們也取得一批可播放20週的影片素材。因此，雖然參加一場活動可能需要花費大量時間和金錢，但是回報可能超過你的支出。

有幾種方法可以幫助你聯絡想要合作的對象。第一種是X，我們喜歡使用X，因為它是一個適合用來與任何人談話的平台。不妨思考可以如何用有創意的推文去吸引其他影響者，以建立合作的可能性。

另一個不錯的選擇是直接私訊，尤其是使用 Instagram 的直接私訊（DMs），相當有效。

要記得，當你私訊某個沒有追蹤你的人，你的訊息可能會被歸類到垃圾資料夾中。不要讓這點阻止你，很多人會定期檢查他們的垃圾資料夾，所以可能會發現你的訊息。如果你私訊100個人，一定有少數幾個人會答應接受合作，那麼你的努力就值得了。

> **重要提醒**
>
> 不要以懇求的語句開始訊息。我們建議透過表達對他們內容的感謝，或是使用一些自然的對話做為開場白。但若你聯絡的影響者有很多私訊，則垃圾訊息可能不會被讀取。

許多 YouTube 頻道會在「關於」頁面列出專門用於洽談業務的電子信箱。此外，尋找你專精領域的影響者會聚集的 Facebook 群組或其他線上社群，這些都是發現合作者並建立關係的好地方。

無論你使用哪種策略，總之，千萬不要採取激進的手段。**想想如何使用有創意的方式；如何在不顯得強硬、怪異或平庸的情況下獲得注意**。當人們聯絡我們並表達合作意願時，最快會被我們忽略的原因之一是，他們顯然只是將相同的訊息複製貼上給很多人。

我們喜歡的是，對方明顯有看過我們的內容、了解我們的工作、且經過深思熟慮，並以個人的方式來聯絡，這樣才會增加我們合作的意願。

> **實用撇步**
>
> 聯絡某人並請求合作時，我們看見人們犯的最大錯誤之一是只專注在自己身上。千萬不要這麼做！首先你必須真誠地與對方內容互動，了解什麼對他們來說是重要的，然後根據你如何為對方增添價值而不是站在對自己有什麼好處的角度來提出「請求」。

人們從一開始就在 YouTube 上合作，而且許多人因此獲得巨大的成功。永遠不要害怕聯絡和詢問一名受歡迎的 YouTuber ——你永遠不知道誰會說「好」。

班傑最喜歡的合作之一的契機，是從有人取消合作開始。當時他飛到紐約去採訪一位知名的影響者。採訪當天早晨，那個人因為行程

異動,所以他們必須取消會面。班傑為此經歷長途的旅程,因此你可以想像這個情況令他備感挫折。

然而,他前一天所做的事讓一切都值得了。當他抵達紐約後,他寄電子郵件給另一名創作者,得知此人也住在紐約市——記住,問一問總是無妨的。他驚訝地發現,這位創作者更願意與他會面。該創作者是誰?凱西・耐斯塔特(Casey Neistat)——2016年GQ的新媒體之星(New Media Star),曾獲得美國網路電視大獎(Streamy Awards)的最佳第一人稱創作者(Best First-Person Series Online),同時還是一名擁有超過1200萬訂閱者的YouTuber。

他邀請班傑到他的工作室,然後在那裡接受採訪。他還在自己的頻道上宣布有這次的採訪,並附上採訪的連結網址。儘管那一天從失望開始,最後竟變成一次巨大的機會。

合作具有超強的力量。現在就開始培養那些機會,但是如果它們沒有立刻發生,不要沮喪和氣餒。這些事需要時間醞釀。然而,在下一章節中,我們將分享你現在就可以實施的策略,幫助你以前所未有的速度去發展你的YouTube頻道。

注意!

有問有機會!想一想,問了,你會失去什麼嗎?不會。當你是一個新人,任何經歷都會只會豐富你;而不問,你就什麼都錯過了,包括可能的成功。你可能無法堅持到最後,但即便要離開,勇於詢問、發出邀約,總是能替你爭取到一些收穫。無論你之後選擇什麼,都能夠幫上你。就算只是發問的勇氣。

重點整理

- 你最好的合作對象永遠不會是最有名的 YouTuber。你要找的是，與你有相同利基的合作者。
- 不要因為你是新手就害怕提出邀請，要思考自己可以提供什麼樣的價值。
- 讓其他 YouTuber 推薦你，你會更容易被新客群接受；人們會因為信任推薦人而願意花更多時間了解你。
- 合作的好處：你們彼此都可以接觸到新觀眾、把對方推薦給自己的觀眾，分攤工作，然後一起變得更好。

| 12 |

蹭！
讓趨勢和熱門話題拉你一把

> 「你需要去下一個機會將要出現的地方,而不是去機會已經存在的地方。」
>
> ——傑里米・古奇(Jeremy Gutsche)

我們生活在充斥著網路迷因、影片挑戰和網路超級趨勢的時代,像是哈林搖(Harlem Shake)、仆街(Planking)和假人挑戰(Mannequin Challenge)。「冰桶挑戰(The Ice Bucket Challenge)」——又稱「肌萎縮性脊髓側索硬化症冰桶挑戰(ALS Ice Bucket Challenge)」,曾是一項熱門網路趨勢。此活動需要把一桶冰水從參與者的頭上澆下去,藉此喚起人們對肌萎縮性脊髓側索硬化症(Amyotrophic Lateral Sclerosis,ALS)的注意。2014 年 7 月和 8 月,它在網路上瘋狂傳播,參與者眾多,幫助募集了 1.15 億美元的研究資金,因而幫助科學家們發現與 ALS 相關的新基因。

雖然許多網路趨勢可能看起來古怪且隨意,但是對於內容創作者來說,參與可能是個非常明智的策略。而**在 YouTube 上,時機是一切**。假期、季節、瘋傳影片、熱門歌曲、最新電影和活動都為相關內容創造出機會。將它們納入你的頻道內容之中,利用這些趨勢產生動能和曝光度。

趨勢是什麼?

趨勢是在網路文化中發生的病毒式傳播時刻。一旦一種趨勢引起

人們的興趣，它就會像野火一樣在網路上傳播。我們已經提過幾種相對近期的例子，像是哈林搖、仆街和假人挑戰。如果你對它們不熟悉，可以花點時間搜尋 YouTube。其他趨勢包括受歡迎的產品，如指尖陀螺（fidget spinners）和懸浮滑板（hoverboard）。

聰明的網紅會順應趨勢，把潮流融入影片內容或進行產品評論，並且透過聯盟行銷把它們變現。當指尖陀螺在年輕人間開始流行時，聰明的 YouTuber 便利用各種創意方法，使用這些簡單的小玩具以獲得更大的曝光度。

與目前事件相關的八卦也能創造出趨勢。一位最知名且最長壽的 YouTuber 菲利普・德弗蘭科（Philip DeFranco）自他的 YouTube 頻道創立以來，就持續利用這一點。菲利普・德弗蘭科的頻道內容涵蓋新聞和當天主題，而他經營得非常好。他擅長透過研究尋找當下最熱門的頭條新聞或八卦話題，然後他談論該話題、提供個人見解。因為他的頻道會連結到趨勢主題，許多人在沒有訂閱的情況下也被推薦他的影片。這個簡單的策略使他的訂閱數增加到超過 600 萬人，並為他贏得超過 20 億次的觀看次數。

艾蜜莉・D・貝克（Emily D. Baker）是一名前洛杉磯的辯護律師，她定期在 YouTube 上直播，分析知名 YouTube 創作者和名人的法律案件細節。基於公眾對這些案件的有趣細節的興趣，加上她對法律文件的專業知識和見解，她的 YouTube 頻道在短短 6 個月內便增長了 10 萬多名訂閱者。她不斷壯大的社群名為「法律書呆子（Law Nerds）」，而她的快速成功帶來了高利潤的居家業務。

你也可以關注與你的行業相關的時事。如果你還記得，2017 年時，三星的 Galaxy Note 7 手機發生了嚴重問題——爆炸。這裡的爆炸是真真實實的爆炸，雖然這對三星來說是件可怕的消息，但是頻道

與科技產品有關的聰明網紅們，立刻以評論和喜劇的形式搭上分享它的順風車。一名稱作 JerryRigEverything 的 YouTuber 上傳了一支手機實際爆炸的影片，單單那支影片就獲得了 720 萬的觀看次數。

如何「蹭」趨勢

當「肌萎縮性脊髓側索硬化症冰桶挑戰」流行時，來自不同背景、行業、主題和專業的內容創作者都紛紛共襄盛舉。這項活動不僅提高了人們對一項偉大目標的認識，而且許多人發現觀看人們被冰冷的水從頭上澆下去是一件有趣的事。因為如此，從企業家、名人、音樂家到全職媽媽，各式各樣的人都參與其中。

即使你的行業具備高度專業，你仍應該考慮去蹭這類文化趨勢。**永遠別忘記人是與人做生意**。如果你放輕鬆，讓你的員工享有一點樂趣和一點瘋狂，那會成為你可以分享在社群媒體平台或 YouTube 頻道上的絕佳內容。

即使我們建議你專注於專業，但像是「冰桶挑戰」這類的趨勢，其實可適用於任何頻道，即使此挑戰與你的頻道主題無關，它也為你提供了建立人際關係和享受更廣泛文化的樂趣，你的忠實觀眾一定會原諒你的。

蹭趨勢的另一種方式：利用某個時期的流行歌曲或流行文化。舉例來說，家庭生活 Vlogger 山姆（Sam）和妮雅（Nia）的頻道已經增長成 200 多萬名訂閱者。但是許多人不知道，他們頻道發展成長的早期原因之一，是因為他們發布了一段邊開著家庭小卡車，邊唱著迪士尼電影《冰雪奇緣》插曲〈Love Is an Open Door〉的影片。那段影片

得到超過 2300 萬次的觀看次數,當時他們仍處於建立自己影響力的早期階段。仔細思考你可以如何把流行文化、音樂和電影融入你的頻道中,以達到相似的結果。

你也可以藉由將你的內容與受歡迎的影響者結合來蹭趨勢。舉例來說:在尚恩的科技頻道〈Think Media〉上面有一支介紹凱西‧耐斯塔特的攝影工具的影片。凱西曾發布一段影片,其中概述了他的裝備,但是沒有詳細介紹。尚恩看到這段影片後,意識到其他人可能會對完整的分析感興趣,所以他製作了那部影片。裡面對凱西使用的設備提供了具體、詳細的描述,並在凱西發布影片後的隔天發布。尚恩這支影片得到將近 40 萬的觀看次數,因為它幫助人們找出自己想要的錄影設備細節。這麼做為尚恩的頻道提供曝光度,因為他的頻道就是專注於相機設備和錄影配件。

永遠尋求把流行融入到你的正常內容的方法。任何時候,當一個流行趨勢或文化現蹤時,問問自己:「我如何能在維持品牌的同時,利用此趨勢?」

舉例來說:如果你擁有一個食譜頻道,你可以融入哪些流行食譜到你的內容中?在企業家群體中流行的一種趨勢是「防彈咖啡」——把草飼奶油和 MCT 油(中鏈三酸甘油脂油)加入一個人每天喝的咖啡中,據說有增進腦力的效果。當此咖啡食譜開始興起時,聰明的 YouTube 創作者利用了此趨勢,他們製作的許多影片因而獲得 2 萬到超過 200 萬的觀看次數!

在社群媒體上查看關於你的領域的流行趨勢,並將其融入到你的影片中。**你需要刻意且有策略的把趨勢、爆紅的內容和文化事件與你的內容結合**。當涉及流行時,切記,**速度絕對是關鍵**,一旦你看見機會,必定要快速行動,如此才可以在潮流消逝前發布你的內容。

> **加分撇步**
>
> 如果想要找出 YouTube 上最新的流行影片，你可以上 YouTube.com/trending 查看。然而，有多種工具可以幫助你抓住與你的領域相關的熱門話題與趨勢。我們最喜歡的工具包括 BuzzFeed、Google Trends、BuzzSumo 和 Reddit。你也可以檢視特定市場中領先業界的出版品或部落格。

什麼是「高峰時刻」？

我們已經談過趨勢和它們可以幫助你在 YouTube 增長影響力的力量，但是你應該也要非常重視高峰時刻（tentpoles，原意為帳篷支柱）。什麼是高峰時刻？

高峰時刻是一種利用全年重複發生的事件與假期的方式。以萬聖節為例，人們在萬聖節那個月之前就開始關注，那就是高峰時刻的起點。興趣關注達到最高峰時，是最多搜尋發生的時期，也就是「帳篷」的中心，這段時期通常會出現在假期前後。假期過後，關注與熱潮會快速且戲劇性地下降。以萬聖節來說，關注的開始是在 9 月，整個 10 月都在累積上升，10 月 31 日時達到巔峰，然後隔天幾乎所有的關注都立即消失。

假期可構成最明顯的高峰時刻：新年、情人節、聖派翠克節（St. Patrick's Day）、萬聖節、感恩節、聖誕節，以及有時被忽略的母親節、父親節。另外還有消費者活動，像是美國的黑色星期五，還有英國、

加拿大、澳洲和紐西蘭等國家的節禮日（Boxing Day）。這些假期中的任何一個都能提供你在頻道上創造和安排策略性相關內容的機會。

假期之外，**重大文化事件也會成為高峰時刻的基礎**。例如包括超級盃、奧斯卡金像獎（Academy Awards）和遊戲界盛事的 E3 電玩展。基本上，任何重大的文化事件都在替 YouTuber 創造機會去製作相關內容。試著跟上相關的文化事件，像是選舉、下一部大製作的星際大戰（Star Wars）電影，或是任何其他能造成眾人關注的事。季節變化也是高峰時刻的基礎，如果你擁有一個生活形式或時尚頻道，可以考慮創作圍繞季節性服裝的創意內容。

假期和文化事件以外，**熱門的特定產業活動也可以變成高峰時刻**。消費電子展（Consumer Electronic Show，CES）是世界上最大的電子展之一。如果你擁有一個科技頻道，它肯定是你可以利用的完美活動。即使你無法到場參與，仍然可以在活動舉辦之前先創建相關內容和評論。在 X、Instagram 和其他社群媒體平台上利用主題標籤（hashtag，即 #）。在活動開始前、活動期間和活動結束後加入對話。如此一來，可以最大限度地提高頻道的知名度與曝光度。

利用高峰時刻

有效的高峰時刻策略最重要的地方，在於提早討論高峰時刻的主題。因此，如果你正在創作關於萬聖節的內容，千萬不要等到眾人的關注到了頂點才動手，那時就太晚了。當人們開始搜尋萬聖節扮裝、萬聖節食譜和任何與萬聖節有關的事時就要開始發布相關內容，這發生在實際假期的前幾週到前幾個月。

一旦你提早發布內容，你就已經勝過其他創作者了，這意味著你在觀看次數方面的競爭較少，並且在搜尋量達到最高點時擁有更多時間來獲得動能，因而能獲得更好的排名。

針對制定高峰時刻戰略的一個優良工具是 Google Trends（trends.google.com）。這項工具精準顯示，興趣和搜尋流量何時開始出現、加速、達到高峰，再因假期、文化活動和任何類型的趨勢結束而減少。此外，考慮結合其他我們在此章節分享過的策略。舉例來說，如果你想與另一位 YouTuber 合作，那可以安排在高峰時刻期間以提高和強化趨勢的價值。

最後切記，好運眷顧速度快的人。**提前規劃你的高峰時刻內容，並且制定策略日曆，以便盡早跟上趨勢與人們的高峰時刻**。有時候生活忙碌，因此你有時會錯過幾次活動。儘管如此，我們仍鼓勵你盡一切努力充分利用大型高峰時刻活動的機會，即使那代表取消原本計畫、熬夜或是強迫自己完成內容。

關注度隨著時間推移的變化
世界各地　10/22/17-11/4/17.

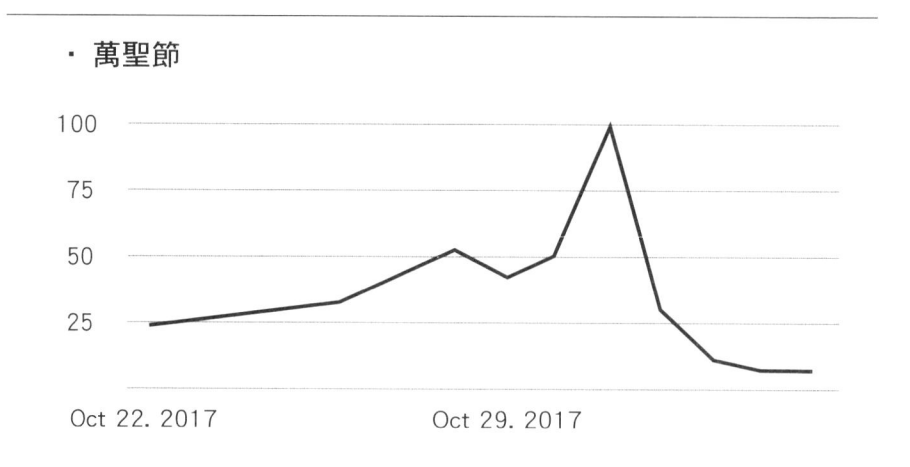

・萬聖節

練習：趨勢和高峰時刻清單

寫下一些關於你的領域的高峰時刻與趨勢的創意。以尚恩的科技頻道為例，這就包括了像是網路星期一（Cyber Monday）和黑色星期五。因為知道這些活動發生於11月下旬，尚恩在10月或更早之前就開始計畫並準備內容。班傑身為食物狂熱者，則是在初秋就開始思考不同的感恩節和聖誕節食譜，以利用早期搜尋的優勢。

透過提早計畫，你可以在每次高峰時刻的一開始就釋放內容，以獲得最大的曝光度和最多的觀看次數。

如果你把YouTube使用於商業用途，那麼，哪些產業活動可以融入到你的內容中？如果你的利基市場是生活形式和美容，可以考慮製作有關流行名人的外表和風格的影片。隨著時尚潮流的變化，策略性地計畫你的影片內容。

無論你的利基市場是什麼，趨勢和高峰時刻都會替你的YouTube頻道帶來新的觀眾，但是它們絕對不是唯一的方式。在下一章節，我們將討論透過團隊合作的力量去擴大並增進你的影響力，以及在YouTube上創造更多內容的幕後策略。

注意！

你可以看著月曆思考，然後把你的想法寫在月曆上。但起點肯定是要提前的，你不會在聖誕節當天才寄卡片給那些你愛的人吧？想想你在什麼時候看見商店開始販售聖誕卡片，還有你思考要寄給誰的時間、寫卡片的時間。你是應該提前一些。

重點整理

- 「蹭」很重要,而且絕對必要,但要用適合的方式「蹭」。
- 速度絕對是關鍵──一旦你看見機會,一定要立刻採取行動,才能在潮流消逝前「蹭」到流量。
- 除了突發事件外,節日(譬如聖誕節)、重大活動(大家都想去的演唱會或是購物節)都是「蹭」的好目標。
- 因為可預測,所以你可以製作時間表,提前運作,放大「蹭」的效果。

13

團隊
擴大你的夢想

> 「才華讓你贏得比賽，但團隊及智慧讓你贏得冠軍。」
> ——麥可・喬丹（Michael Jordan）

為什麼鳥類要排成 V 字形飛行？因為當每一隻鳥拍動翅膀時，就會為緊隨其後的鳥創造一股上升的力量。排成 V 字形飛行，與每隻鳥單獨飛行相比，整個鳥群的飛行範圍可增加至少 71%。當你被一群分享共同方向和社群感的人們包圍時，你可以更輕鬆地到達想去的地方，因為你們在彼此的推力、能量和動力的督促下前進。

現在，你已經明白 YouTube 和社群媒體需要付出大量心力。儘管許多人是獨自踏上 YouTube 的旅程，但是我們建議你從第一天起就建立一個團隊。在此章節，我們將分享如何做到這點的一些想法、概念和訣竅。

一開始就找好團隊

我們從來沒有遇過一個超成功影響者是沒有團隊的。團隊可能是指私人助理、攝影師、人才經理，或是一間全方位的製作工作室。你的團隊就是所有支持你創建 YouTube 頻道的人，尤其是當你有其他優先事項，必須瓜分掉你的時間的時候。

你有一份白天的工作嗎？你正在求學嗎？你有家庭需要照顧嗎？那麼你必須考慮建立一個團隊。朋友和家人絕對可以做你的隊友。你有一個會幫忙付帳單和照顧孩子的配偶嗎？那就是你的團隊。

創作者普遍會犯的最大錯誤就是——不與最親近的人溝通，也不分享自己想打造出的，一個具吸引力的願景。你曾告訴你的家人和朋友你想在網路上建立影響力的未來嗎？你是否詢問過並提出他們可以支持你的實際方法？在一切剛開始時，**「建立一個團隊」不代表要聘僱員工，而是招募已經在你影響範圍內的人。**

　　除非你已經擁有聘請一個團隊的資源，否則你的第一批員工必須實用且低成本。想想你生活周遭的人可以幫助你完成哪些任務？此外，請思考如何改善你的日程安排並減輕當中安排事項。舉例來說：僱用家事清潔人員或設定如 Home Chef 這類的送餐服務，能夠幫你的一天節省幾小時，如此一來，你就可以把時間用於你的 YouTube 上。

　　班傑是他太太茱蒂的第一位團隊成員，最初他是她的業務經理和私人助理。然而，當頻道更成功時，他們都發現自己已經忙到分身乏術，無暇處理家中日常事務，所以班傑開始尋找基本家務的協助者。

　　班傑第一個僱用的人是鄰居的孩子，他其實想賺取一些額外的零用錢。班傑曾在 YMCA 的一個計畫中指導過他，並且知道這個孩子因為年紀的關係沒有很多機會可以工作。班傑付他 10 塊錢讓他幫家裡的前後院除草。這還是班傑 YouTube 職業生涯的初期，能節省時間在像美化景觀這類簡單事情上，確實有巨大的幫助。10 年後，當年的孩子已經長大了，成為班傑的全職製作助理。

　　想想看，你周圍有誰可以幫助你處理日常工作？

　　今天，尚恩的 YouTube 頻道〈Think Media〉及其附屬頻道和業務，是由 20 人的團隊在運作，但是最初並非如此。一開始，尚恩自己製作影片，而他的妻子索尼婭則為他們的副業記帳。在〈Think Media〉剛開始發展的時候，尚恩詢問一名教會的朋友是否有興趣協助他編輯影片。那名朋友曾表示對這方面感興趣，在尚恩眼中，這是絕佳的機

會，最後，這變成了該朋友的暑期實習經驗。那名朋友藉由工作來換取訓練和資訊。這不僅是一次雙贏，還是一種超越了金錢的價值交換，也是尚恩跳出傳統思維框框的成果。所以，當涉及爭取支持時，你必須對這樣新的、有創意的和獨特的機會抱持開放的態度。

團隊建立後的下一步

一旦你走得更遠，就要考慮建立團隊後的下一步了。如果你累積了一點資金，你可以考慮平面設計或（隱藏式）字幕等外包服務。

透過（隱藏式）字幕，你的影片可以被世界各地更廣泛的觀眾觀看，並確保它們在 YouTube 搜尋中獲得排名。YouTube 一直致力於讓你能更輕鬆地為自己的影片添加字幕，但許多創作者更喜歡使用 Rev.com 等服務來節省時間。撰寫至此時，Rev 的費用每分鐘僅為 1.25 美元，外文字幕則是每分鐘 3 到 7 美元。

需要一些平面設計去更新你的 YouTube 縮圖、封面圖片或社群媒體圖片嗎？Fiverr.com 能夠以低至每份工作 5 美元的價格去滿足你所有平面設計的需求。

你甚至可以在 Upwork.com 等網站上面聘請一名虛擬助理。你不必長時間聘用人員，只需找一位助手每週用 5 小時幫助完成那些你不擅長或討厭的任務。

在生活中，你可以在哪些方面為自己爭取更多的時間去專注於最重要的事情呢？首先，列出你的頻道的優先順序，無論是拍攝、編輯、提升、發行、參與、維持現金流、品牌、一般查詢、客戶服務，或是管理整個團隊。

第二，列出你時常延遲處理的任務。

最後，比較兩張清單並留意哪些任務同時出現在兩者上面。排名最前面的任務就是你需要外包的地方。

考慮一下外包的經濟效益。如果你職業生涯中的正常時薪是每小時 20 美元（我們認為你的時間遠比這值錢），而你需要兩個小時來編輯影片，那麼可以換算成編輯單一影片需花費 40 美元。如果你僱用一名剪輯師，願意以時薪 15 美元接下這份工作，假設他們編輯相同的影片也需要兩小時，等於每小時幫自己省下 5 美元。現在你可以花這兩小時去專注於你的強項，同時創造更多收入。

你會注意到，大多數人開始賺到一點錢時，就將其花在物品與體驗上面。雖然那樣很不錯，但如果你認真想藉由 YouTube 擴展你的業務和品牌，我們建議你投資額外的金錢，利用他人的技能去完成更多單人無法完成的工作。

尚恩的早期員工之一是他在 Twitter 上認識的，對方表示想了解影片製作的相關事項。然而，他們認識的時間點，尚恩一毛錢都無法支付給她。幸運的是，她不需要這份工作收入，她只是想要學習線上影片製作，以及如何利用 YouTube 去賺取副業收入。於是他們達成協議，她將根據幫助尚恩的 YouTube 頻道賺取的收入獲得分潤。她願意承擔得不到報酬的風險，但如果她工作出色並且績效提高，那麼她就會得到報酬。

這種關係很簡單，但是雙方都能夠得到好處，因為團隊合作可以幫助你更快成長、增加收入，最終獲得更大的成功。她的冒險得到了回報，如今，她是〈Think Media〉的高階主管，也是該頻道的內容創作者之一。

想要尋求幫助，請在社群媒體上與人們維持聯繫。發布 Facebook

貼文，讓人們知道你正在尋找某個有興趣實習的人、利用 MeetUp.com 找出你所在城市舉辦的相關社交活動、考慮在 LinkedIn 上面尋找你的領域內的創意專業人士、在你的朋友和熟人間宣傳。你永遠不知道會遇到怎樣的機遇。**不要將自己侷限於團隊建立的傳統思維**。我們的頻道（及本書）就是世界上許多人對於如何在 YouTube 上成功感興趣的證據，你會驚訝地發現有多少人正在尋求經驗，並且願意免費工作以獲得學習的機會。你可能可以在自己的社群中發現這類人，事實上，他們也可能已經訂閱你的頻道並追蹤你了。

「其他」支持系統

當我們談到團隊，我們指的不僅是直接協助你製作內容的人們。我們也相信擁有一個成功的朋友和導師圈子非常重要，因為他們會一路鼓勵你。

勵志演說家吉姆・羅恩（Jim Rohn）有句名言：「你會是你花最多時間相處的 5 個人的平均值。」

在採訪過許多影片影響者，加上與許多成功的企業家們來往後，我們注意到，這些人都刻意讓自己身處於世界級的天才圈中。他們希望周圍的人們都是胸懷大志、願意挑戰他們，並且在發展的各個階段能夠提供意見給自己。你應該也這麼做。

如果你要讓自己身邊圍繞著導師，需要考慮三個層面。

第一，透過內容去接觸到導師。這包括閱讀書籍、觀看影片和聆聽 podcast 及其他教育性資源，這些都可以激勵你、鼓勵你大膽思考，並且提供你擴展自身願景的最新資訊。

第二，你可以參加會議和業界活動，讓自己周圍都是志同道合的人們與專家講者，他們將幫助你提高在各個領域的專業程度。我們每年都把參與我們行業的多種會議列為優先事項。這麼做不僅是為了創造活動內容，也是為了遇見並向優秀的人們學習。

正如聖經諺語所說：「以鐵鍊磨鐵，正如一個人磨塑另一個人。」換句話說，你周圍需要有其他領導者能夠挑戰你，並為你下一個階段的成功做好準備。

第三，你可以投資自己接受指導。像是使用 Skype 與一個行業的專家視訊一小時這種簡單容易的，當然也可以再更進一步。最重要的是，你必須非常刻意地為自己提供支持系統，以幫助你往成功之路的各個階段邁進。

身為一名 YouTuber 和企業家，你可能會很孤單。通常，你會感覺像是坐在名為情緒的雲霄飛車上。有時候，你好像站在世界的頂點，而其他時候，你根本不想起床。在你周圍創建一個成功的圈子是每個時期成功的關鍵之一。

看看我們的例子。我們都是 YouTuber，然而，我們擁有不同的技能與經驗。當我們開始進行名為〈Video Influencers〉的副業項目時，班傑負責業務的管理和營運、建立團隊，還有將他的 Vlog 拍攝經驗與人脈網絡帶入合夥關係中；尚恩負責創造內容、改善影片、建立網路和通路、平面設計、產品創作、文案撰寫和線上行銷策略與執行。在過去的 6 年裡，我們創造了〈Video Influencers〉，並把它視為一個副業項目，因為我們的團隊合作無間，所以能夠獲得成功。我們帶來不同的想法和技能，使我們在眾多影響者中脫穎而出。在下一章節，我們將更深入探討為什麼發現個人的獨特技巧、人格特質和觀點可以幫助你在透過影片建立影響力、收入的過程中取得更大的成功。

注意！

　　家人永遠是你最可靠的盟友，但在依靠家人節省成本的前期，你就得往後思考——你真正的人事成本結構應該是什麼樣子？先不要思考市中心的落地窗大辦公室，或專屬你的秘書。而且要認清：沒有人應該是全能的，只要一個特質／技術／才能符合你當下的需求，那就是你當下需要的人。

重 點 整 理

- 建立一個團隊，不代表你得聘僱員工。
- 你的第一批員工必須實用且低成本。
- 初期先不要想刊登徵人廣告（豪華辦公室也不要），同時不要吝惜向你的家人、朋友尋求協助。
- 整理你平時需要辦的事，找出那些你時常延遲處理、但其實可以交給其他人的任務。
- 評估收益，然後在外包網站上找能幫忙的人。
- 不要忘記：你的目的不是為了偷懶，而是要讓自己可以更專注在頻道上，把內容做得更好。

14

換個角度思考
沒有「一定得這麼做」

「如果你正在做其他人都在做的事，那麼你就錯了。」

——凱西·奈斯塔特（Casey Neistae）

YouTube 歷史上，成長最快速的頻道之一就是凱西·奈斯塔特的頻道。在很短的時間內，他的訂閱數就超過 1200 萬，席捲了 YouTube 世界。他為已建立的流派帶來了一些新的東西，因此，他不僅成長快速，而且還獲得了許多獎項。

在凱西之前，人們理解的「日常 Vlog」是一種既定的類型，內容大多包括創作者生活的休閒影片，通常是用簡單的傻瓜相機拍攝，製作價格也較低。人們普遍認為 Vlog 的力量在於個人特質，而不是其內容的價值。

凱西為此類型的影片注入了一股全新的力量。第一，他的相機設備遠遠超過 99% 的 Vlogger 們所使用的傻瓜相機或智慧型手機。事實上，凱西使用非常高規格的相機設備。他還利用自己卓越的影片編輯技巧去創造出更高的製作價值。大部分的 Vlogger 會花一到兩小時去編輯他們的影片，但是凱西每支影片卻會花上 4 到 8 小時（或更多）的編輯時間。

此外，凱西說故事的能力是現代媒體中大多數人無法比擬的。追根究柢，他結合了自己超過 15 年的生活經驗、影片製作專長，以及對世界的獨特觀點，才得以創造出新的、截然不同和獨樹一格的內容，也因此，他的頻道很快就廣受歡迎。

今日，在大多數的 YouTube 會議上，很常看到 Vlogger 帶著「凱西·奈斯塔特的拍攝裝備」四處走動。曾經一度屬於超高規格、想都不敢

想的設備，現在是許多 Vlogger 期待取得的相機設備。凱西改變了這個流派。

本書寫到這裡，已經提供你一個在 YouTube 上如何獲得成功的框架。我們告訴你具體的手法和策略去幫助你成長，但是我們絕不希望你以為要在 YouTube 上建立影響力只有一種既定模式。我們希望提供給你的指南、最佳實踐和資源工具箱，可以替你帶來巨大的成果，但最終，你需要在任何具創造性的努力中開闢自己的道路。

讓別人看見你

通常，一個頻道的獨特之處來自創作者生命的個人經驗。你可以利用哪些生活經驗、個人或專業關係或是專業領域的知識，讓你的 YouTube 頻道顯得與眾不同？安德魯‧愛德華（Andru Edwards）是一個好例子，他是一名專注於消費者電子產品的科技頻道影響者，他評論產品並分享所有科技的情報、竅門和見解。

當然，YouTube 上有許多科技影響者（tech influencer，也可稱科技網紅），但是安德魯曾經是位專業的摔角選手。身為一名摔角選手，他總是需要精力充沛、風趣幽默並隨時準備好表演。當他開始他的科技頻道時，他便利用這些技巧和魅力替他的內容增添了更多娛樂價值。

除此之外，他的品牌也很有個人特色。身為一名專業摔角選手，浮誇和引人注目的外表有助於個人品牌的建立，所以當安德魯經營科技頻道時，是以華麗的衣服、鮮豔的色彩和大多數他的利基市場不相符的時尚風格來讓自己與眾不同。

然而，針對你的頻道，希望是結合成功 YouTuber 的最佳實踐，再加上一些自己的獨特特質。這個世界不需要另一個安德魯·愛德華或是凱西·奈斯塔特。**這個世界需要你做真正的自己，所以請在 YouTube 上將你的經驗和古怪的人格特質與創意作結合即可。**

YouTuber 莎拉·迪奇（Sara Dietschy）最初是靠「如何拍攝像凱西·奈斯塔特的 Vlog」的滑稽模仿作品而走紅。那部影片的觀看次數為 200 萬次，而且凱西本人非常喜歡，甚至在自己的 Vlog 中提到這部影片，同時附上莎拉的頻道連結，因此加速了她的頻道成長。

Vlogger 艾咪·蘭迪諾（Amy Landino）評論了一本蓋瑞·范納洽的書籍，她透過創作一首歌和 MV 贏得了蓋瑞的注意。莎拉和艾咪都用不同的方式去思考。因此，那些創意幫助她們取得曝光度、向她們生命中的導師與影響者們表達感謝，並且建立了她們在 YouTube 上的影響力。

即使你確立了頻道的利基內容，不代表不能改變傳達方式。縱使你已經經營頻道一段時間了，你仍然可以執行一些改變，來使你的內容更獨特並幫助頻道成長。

幾年前，JP·席爾斯開始經營一個自助的「臉部特寫」頻道，他努力了將近 2 年。然而，他每支影片上傳後都只獲得幾千次的觀看次數，因此他尋求我們的建議，想知道怎麼做才能讓他的頻道加速發展。我們沒有要他偏離當前的方向，而是建議他堅持下去，因為那個領域是 YouTube 仍舊缺乏的部分。

JP 實際上是一名非常風趣的人，但是他沒有想過將他的個性融入他的頻道中，後來他決定擁抱自己的獨特性。很快地，超靈性 JP（Ultra Spiritual JP）誕生了。此角色涵蓋了他已經創建的相同類型的內容，只不過他改以喜劇的方式表現。觀眾接收度出現了翻天覆地

的差異：他們喜愛這個新角色。改變傳達的方式讓他擴展了觀眾群，影片觀看次數從數千次增長到數億次，不論是上傳到 YouTube 還是 Facebook 都是。

他沒有改變自己的願景，只是以原有內容為中心，使用不同的表達方式傳達出他希望的價值，這使得一切都變得不一樣。

告訴他們：你不一樣！

我們採訪〈Charisma on Command〉的查理（Charlie）時，他提到：當他嘗試變化內容形式時，他經歷了一次升級。許多 YouTuber 都墨守成規，一遍又一遍地創作同一種形式的內容。他們都忘記了每次造訪 YouTube 時，就像是接近一塊空白畫布一樣。他們在畫布上創作的唯一限制就是自己的創造力。

創作內容有很多可能性，請把它們混合在一起。影片可以製作動畫搭配旁白，就像〈draw my life〉一樣。影片也可以包含複合媒材（mixed media），像是以獨特的方式結合照片、影片和音樂，或許也可以採取直播。不要害怕創新，只要能傳達出你想要傳達的訊息，任何形式都值得嘗試。

利用〈Video Influencers〉，我們試圖透過不同的方式，思考如何透過創作每週的採訪節目，來幫助人們獲得製作線上影片的技巧。儘管我們有很多同儕會分享與〈Video Influencers〉相似的資訊和教育影片，但是到目前為止，我們這個產業中還沒有人製作過每週一次的採訪節目。

這種形式在其他產業並不是獨一無二，許多 podcast 和 YouTube

頻道都採取每週訪談的形式來製作常規內容。但是，在我們的利基領域中還沒有人這麼做過，而這就是關鍵所在。

如何以不同的方式去思考你的內容形式，為你的利基市場帶來新鮮的創意？又該如何參考其他產業或利基市場中的創新和創意？

以不同的方式思考和發現自己在 YouTube 上的獨特定位的最佳方法之一，就是跟隨心之所向，執行自己想做的事。

你尋找的東西是什麼？你希望 YouTube 上存在哪種內容？如果你正在尋找某個東西，但是卻找不到，或是找不到你所喜愛的風格，那麼其他人可能也會喜歡它。這是一個很好的指標，能夠幫助你在 YouTube 上開闢獨特的空間。

暢銷書作者兼企業家莎莉・霍格黑德（Sally Hogshead）曾說：「不一樣比更好還要好。」獨一無二是如此重要，這些訣竅將幫助你塑造自己的聲音和品牌，並脫穎而出且成長更加快速。

幫助你找出自己的獨特性

不妨以如下這些問題做為起點，幫助自己在 YouTube 上與眾不同：
- 在你的利基領域中，有什麼已經過飽和了？哪些微小的調整或改變可以為已建立的主題帶來新鮮感？
- 哪些過去經驗是你可以拿來與目前的熱情結合，以便創造出一個獨特的頻道？
- 你的最大優勢是什麼？目前它們有融入到你的內容中嗎？
- 你的朋友和家人喜歡你哪項人格特質？你有讓自己獨特的個性完全展現於 YouTube 上嗎？

- 你希望 YouTube 上出現什麼內容？是否有些主題或領域是你喜愛觀看，但是卻一直無法找到的？

每個月有超過 23 億人觀看 YouTube，我們相信未來 10 年將會有數十億人來到這個平台。這意味著加倍的觀看次數和頻道機會。「競爭太多」和「已經太晚了」是我們開始經營平台後，就反覆證明其大錯特錯的藉口。

正如紐約時報暢銷作者兼行銷專家賽斯·高汀所說：「你可以融入或出類拔萃，但兩者無法兼容。」為了出類拔萃，你必須擁抱自己的獨特性，用不同的角度去思考，並且鋪設自己的道路。

注意！

「合理」在這裡一點都不重要。去想想那些讓你覺得「太扯了！」的搭配，然後，大膽一點，擺進你的頻道裡。

要是不夠大膽、瘋狂，唐納·川普（Donald Trump）怎麼會變成節目主持人？另外，執行力也很重要。

記得：再怎麼樣傑出的點子，再怎麼精妙的創意，如果碰到糟糕的執行力，就等於什麼都沒想出來。

重點整理

- 做真正的自己,所以在 YouTube 上將你的經驗、人格特質與創意結合。不要因為蹭趨勢而失去自己的特色。
- 不要害怕炒冷飯——你可以思考如何加入一些小創意或是新作法,製造新鮮感。
- 同樣的主題,拍成影片與直播的感覺一定不同;直播又能加入與觀眾互動,讓觀眾製造新鮮感。所以,與其擔心想不出新鮮的好點子,不如想想還有什麼作法是你還沒試過的。
- 不要想「這樣會不會很奇怪」,只要能傳達出你想要傳達的訊息,任何形式都值得嘗試。

| 第 15 |

新的 YOUTUBE
「短」，讓你賺更多

> 「期待改變。分析局勢。把握機會。別再當一顆棋子；而是成為一名玩家。現在是你採取行動的時候。」
>
> ——托尼・羅賓斯（Tonny Robbins）

　　沒有任何活動能跟電影之夜一樣有趣。你和家人或朋友坐在一起，手裡拿著最愛的零食和飲料，讓自己沉浸在一部劇情片、喜劇、愛情或動作電影中。

　　長大的過程中，我們會開車去最受歡迎的影片出租店——百事達（Blockbuster），我們會探索每條走道、尋找一些令人興奮的新錄影帶或DVD。那時候，當你租一片電影回家，你可以保留它兩個晚上，但如果你沒有準時歸還錄影帶或光碟片，你就必須繳交逾期罰金。

　　根據你的年齡，你可能還會記得「做個善良的人，記得倒帶（Be Kind, Rewind）」這句話。歸還錄影帶之前別忘記倒帶！這會花上你幾分鐘時間，但是對下一個租借者來說是一項善舉。這個百事達慣例是 80 和 90 年代電影之夜的固有部分，但是串流服務（導致百事達的終結）使這種慣例對於某些年紀的人來說只不過是一種古怪的回憶。

　　是的，電影之夜在過去幾年改變了相當多，但話說回來，視覺媒體只存在約 120 年。第一部無聲短片在 1895 年 12 月 28 日的巴黎初次上演。到了 1930 年代，電影變成彩色且有聲。1950 年代，電視成為主流，人們可以舒服地在自己家中觀看電影與戲劇。1980 年代，家庭影音成為主流，從那之後，我們看見 DVD、藍光，最終串流服務的興起。人類發現視覺媒體的魔力後，新內容的需求就開始萌芽，而且以驚人的速度成長。

就某種意義上來說，人們仍然想要與1895年當時完全相同的東西。但是，為什麼呢？

人們希望被娛樂、學習、大笑、哭泣，或是藉由一個強而有力的故事與人類的努力、掙扎連結在一起。基本的人類欲望從來沒有改變過，但是視覺內容被創造和傳達的方式卻有了極大的改變，這又反過來改變了人們消費內容的方式。今日，人們的需求不僅是兩小時的電影或30分鐘的電視節目，因為我們現在還擁有30秒的抖音（TikTok）和YouTube的短影音。

你不再需要開車到當地的影片出租店；不再需要擔心能否準時歸還，以避免支付逾期罰金，因為你可以透過Amazon、YouTube、Netflix、Hulu和其他服務存取內容。

YouTube問世已經超過16年，但它仍然被視為一種新的媒體平台，不斷持續快速地成長和進化。

因為這些接連不斷地變化，只要你一不留神，就可能錯過平台上嶄新的、發展的機會。畢竟，那就是百事達的親身經歷。

改變失敗的悲劇

百事達在90年代處於巔峰時期，那時它在全美擁有超過9000間分店，在全世界擁有8萬4000名員工，註冊的客戶數更多達6500萬人。單單一年，它的價值就高達30億美元，光是逾期罰金就替公司賺了8億美元。

2000年9月，百事達有機會能以5000萬美元的價格購買一間奇怪的新創企業，該企業稱作Netflix。當時百事達的執行長約翰・安

迪奧科（John Antioco）既傲慢又缺乏遠見，他認為 Netflix 只不過是個大笑話，所以他放棄收購。10 年後，百事達已經消失無蹤，它於多年前申請破產，負債更是超過 9 億美元。同時，Netflix 蓬勃發展，到了 2020 年，該公司市值達到 1940 億美元。

這個故事帶給我們的教訓是——請在為時已晚前進行改變！當我們創建 7C 架構時，它的設計就是為了經受得起時間的考驗。只要 YouTube 存在的一天，這 7 個基礎原則將持續與如何在 YouTube 上取得成功有關。

然而，就像每位成功的 YouTube 創作者知道的一樣，除了必須致力於這些 YouTube 成功的基礎原則外，還必須願意重塑自己、調整計畫，並隨著平台與觀眾的觀看習慣的改變而進化。

如果你想在 YouTube 上建立永恆的影響力，那麼你只有適應潮流或消滅兩個選項。Netflix 成功適應；百事達卻永遠消失。你必須在為時已晚前進行改變。

我們希望幫助你適應潮流，所以在新的章節，我們將探討自本書第一版出版以後，YouTube 出現的一些新功能和重大變化。在平台上有幾種賺錢和與觀眾建立連結的新方式。在此章節中，我們將告訴你是什麼，並且討論該如何充分利用。

在此章的最後，我們準備了一些明確的問題，可以幫助你評估哪些改變和機會將最適合你的 YouTube 策略。畢竟，**某人創建的閃亮新工具不代表它是最適合你的。**

另一方面，你也不希望自己採取過於僵化的方式、拒絕接受更新更好的方法而導致失敗吧？

為了能在 YouTube 上取得成功，接下來，我們將幫助你制定一個放眼未來 10 年都能佔據優勢的個人計畫。

YOUTUBE SHORTS

世界正在改變，YouTube 也是。儘管此平台很可能在未來幾年仍繼續主導影片領域，但是許多新的競爭影音平台已經出現且迅速流行。**這些新平台著重短影片形式的內容：以垂直樣式（vertical format）呈現快速又簡短的影片。**

年輕一代將定義下一個 10 年的影音內容，而他們顯然已經投下自己的一票。因為年輕人對短影音的喜愛，我們看見抖音熱潮的興起，Instagram 注意到這個現象，正在打造名為「Instagram Reels」的競爭模板。現在，YouTube 也跟進效仿，推出名為「YouTube Shorts（shorts）」的內容，這種新形式讓創作者可以上傳 60 秒或更短的垂直影片（vertical video）。

數字不會騙人，根據 2021 年一篇 YouTube 部落格文章，YouTube Shorts 這項新功能推出後幾週內，全球的每日觀看次數就超過 65 億次，可見大量觀眾渴望更多短影音內容。記住，雖然你可以在桌上型電腦觀看短影音，但它們主要是為行動裝置設計的，而 YouTube 應用程式已經更新並整合 Shorts。年輕觀眾似乎很喜歡。

該如何結合這些短影音形式的平台？某些成功的創作者會重新利用他們的 YouTube 影片，透過剪輯其中的 15 秒，將它們轉化為垂直影片，並重新上傳到 YouTube Shorts、抖音和 Instagram Reels。我們一般不建議將相同內容上傳到多個平台，但是在這種情況下，重新剪輯上傳，可以幫助你接近愛上這種新形式的主要年輕觀眾群。

YouTube Shorts 不僅僅是個噱頭，創作者已經靠它獲得巨大的成功。傑克・費爾曼（Jake Fellman）是一位內容創作者，他使用 YouTube 多年，但一直沒有獲得太多關注，而他最後決定開始嘗試

YouTube Shorts。儘管當時 YouTube Shorts 處於測試階段，傑克仍上傳了自己製作的 15 秒簡單 3D 圖形短片。

起初，他的觀看次數並沒有大量成長，但是已經比他預期來的多，因此他開始上傳每日短片到 Shorts Player。短短數週後，他開始獲得動量——觀看次數從幾千次增加到幾萬次，最終到達數百萬次。6 個月內，傑克・費爾曼利用短影音累積了 40 億次的影片觀看次數，並且在 YouTube 上獲得 400 萬名訂閱者。雖然這不是典型的成功故事，但其他創作者也經由短影音體會到驚人的成長。

好消息是，對 YouTube 創作者而言，上傳內容到 YouTube Shorts 是件極為簡單的工作。試著想想，成為一名 YouTube 創作者是多麼困難，即使有智慧型手機可以取代昂貴的相機設備，儘管有免費的影片編輯軟體，但仍需要投入大量的時間和研究來創建、編輯和最佳化你的內容。

然而，創作 YouTube Shorts 的內容只需要幾秒鐘，只要點擊應用程式上的加號並選擇「建立短片」，接著利用幾分鐘進行拍攝、編排、編輯、加入音樂與音效，然後將最終成品上傳到 Shorts Player。就是如此簡單！當然，那部短片能否獲得青睞仍然仰賴其內容，但至少沒有太多經驗或設備的人都可以快速地創作和上傳內容。

和 YouTube 相比，YouTube Shorts 的進入門檻極低，因此幾乎任何人都可以嘗試，即使是經驗豐富的影響者也在利用這種新形式去接觸新的觀眾。企業行銷教練克里斯・杜（Chris Do）已經擁有成熟的 YouTube 頻道和觀眾群，但他依然開始使用 YouTube Shorts 來創建短片，作為他的影片精華或重點摘要，幾個月之後，他的短影音已經積累了數百萬的觀看次數。

克里斯的頻道〈The Futur〉，百分之百是教育類頻道，大多數的

影片都是長篇教學與對話。然而，透過在 YouTube Shorts 上的嘗試，他的頻道產生了觀看次數最多的影片，一支 YouTube Shorts 在短短兩個月內就獲得 1500 萬次觀看。

誰適合使用 YouTube Shorts？答案是：任何人。對於一名沒有影片編輯經驗的新手創作者或是缺乏資源的人來說，YouTube Shorts 是快速開始第一步的好方法。你可以從中學習影片創作過程、搞懂如何應用完美影片食譜，並利用短影音來累積觀眾。

對於經驗資深的創作者而言，這也是很有用的方法，可幫助他們觸及新觀眾或進入一個全新的 YouTube 領域。許多創作者，像是克里斯‧杜，會從他們長篇影片的內容中剪輯創作 YouTube Shorts，以連結偏好短影音內容的人們。可以說，如果沒有短影音，那些人可能永遠不會認識他。

如果你有時間創造更多內容，YouTube Shorts 上有很多機會能觸及群眾，但記住，它不是成功的捷徑，也不是快速致富方案。YouTube Shorts 需要全心投入時間和努力，才能創造出人們想要看的優質內容。一些最成功的 YouTube Shorts 創作者「每天」會上傳 1 至 5 部短片，而已有固定觀眾的創作者則是「每週」上傳 1 到 5 部影片。

YOUTUBE SHORTS 的最佳實踐

這裡我要談充分利用 YouTube Shorts 的最佳實踐方法。

- **完美影片食譜的濃縮版**：如同其他任何影片一樣，在 YouTube Shorts 上，你也必須用開頭的一、兩秒就抓住觀眾眼球。切中重點、吸引觀眾的注意力，並且讓他們想要看更多。

- **利用工具**：音樂的普及性是這種格式流行的原因之一，因此請考慮使用 YouTube 為短影音提供的熱門歌曲。此外，特效和文字工具將提升你的短影音層級，使其更具吸引力和娛樂性。

- **一致性和數量**：在 YouTube Shorts 上創作內容很簡單，但是一致性和數量才是這場遊戲的正確名稱。很多創作者正在上傳大量內容，因此，你必須確保自己也正在上傳。如果你希望與觀眾產生連結，你上傳的內容就必須一致。因為短影音是一種新的格式，所以演算法仍在試圖釐清要推薦哪種影片，所以你上傳愈多短影音，引爆話題的機會就愈高。你可以這麼想：打擊手揮棒的次數越多，打出全壘打的可能性就越大。

- **你的主要頻道還是一個新頻道？** 這是一個好問題。YouTube Shorts 應該歸入主要頻道的一部分，還是獨立為第二頻道？這個完全根據你的目標決定。如果你有時間管理它，那麼創造一個第二頻道可能是明智的決定。

麗莎‧阮（Lisa Nguyen）是一名已經擁有一個主要頻道的美食家創作者，她決定在 YouTube Shorts 上開創第二頻道。透過每天持續上傳 2 到 5 部短片到第二個頻道，她在 6 個月內迅速獲得 100 萬名訂閱者和 5 億觀看次數。她的主要食物頻道也獲得額外觀眾和增長。對於已有頻道的創作者來說，這是一個很好的方法，但如果你是還沒有大量觀眾的新手，那麼最好將你的短影音保留在主頻道上。但如果你擔心短影音會干擾你的常規內容安排和觀眾習慣，就可以考慮把它作為第二頻道。

事實上，YouTube Shorts 在未來 10 年將持續成長。它幾乎肯定是 YouTube 平台上最大的新藍海，所以儘管它可能不會是你經營 YouTube 策略的主要部分，但忽略它絕不是正確選擇。

YOUTUBE 直播

YouTube 能成為全球重要平台的原因之一，就是觀眾感覺與他們訂閱的內容創作者毫無距離。確實，YouTube 平台的「直播」形式，讓你無需親自到場就可以盡情接近創作者。雖然 YouTube 直播（YouTube Live）功能在該平台上並不算新，但是自我們的書第一版出版以來，它變得愈來愈重要。許多創作者現在正以改變其業務的方式去利用它。

YouTube 直播是一種直接在平台上「現場直播」自己的方式，無論是從你的裝置利用應用程式進行直播，還是使用 Streamlabs、StreamYard 或 OBS 等串流軟體。直播的好處是你不必編輯影片，此外，如果你選擇保留，它將成為你頻道上的常規影片。

如同廣播、電視談話和新聞節目一樣，許多聰明的創作者正在建立直播工作室（行業術語稱為「戰鬥基地」）播放各種領域的內容，包括每日股票交易和市場報告、教堂禮拜和宗教節目、體育評論、政治、新聞、名人和網紅八卦，甚至是一週 7 天，每天 24 小時不間斷的鳥窩、農場動物和公眾空間直播。

除了創作者，許多專業人士、企業領袖和企業家們也利用 YouTube 直播去回答訂閱者們在聊天室發布的問題，或是透過 StreamYard 和 Zoom 直接進行訪談。遊戲直播也愈來愈受歡迎，YouTube 專屬遊戲網站（YouTube Gaming）的負責人萊恩・懷亞特（Ryan Wyatt）表示，2020 年時，用戶在該平台上觀看遊戲內容的時間長達 1 千億個小時，是 2018 年觀看時間的兩倍。

YouTube 直播最成功的例子之一來自艾蜜莉・貝克——我們曾提過的那位律師，她專門發布有關熱門法律主題和訴訟的評論。艾蜜莉

大部分的內容是採用直播形式，某些影片長達 1 到 3 小時。她在該主題上的自信和能力，使她有辦法以既具知識性又具娛樂性的方式就法律議題進行清晰的發言。她在任何時間直播都能吸引 1 萬人同時觀看，單靠這些直播就能讓她的頻道獲得數十萬的觀看次數。

　　YouTube 直播非常適合任何能夠即時娛樂、提供資訊、教育和維持觀眾注意力的創作者。你的訂閱者們會喜歡與你現場即時聯繫，但是他們仍然期待花時間跟你在一起時，能從中得到一些價值。如果你可以做到這點，那麼 YouTube 直播正是為你設計的！你可能是世界上最偉大的內容創作者，但是如果你的直播很無聊，那麼它將不會替你的頻道帶來任何好處。

YOUTUBE 直播的最佳實踐

  ● **針對 YouTube 搜尋和發現進行最佳化**：你的直播仍然會顯現在 YouTube 的建議影片清單中，在某些情況下，它也會顯示在搜尋結果內，因此，請確保你的標題與縮圖足夠吸引人，並能滿足觀眾的需求或願望。

  ● **計畫你的直播**：雖然應該避免讓直播像照本宣科，但是事先計畫仍然很重要，至少要先確定重點與精華是什麼，你甚至可以規劃完整的直播行程。切記，你仍然需要有一個「價值主張」來定義觀眾從直播中可期待的收穫。

　　舉例來說：當尚恩在〈Think Media〉上進行直播時，他使用適用於任何影片的標題和主題；他也利用視覺效果，包括文本和疊加，強調他的觀點，並同時可以維持觀眾的注意力。透過事先準備談話要點，並且定義直播的關鍵重點，他可以創造出適合直播的內容，又可以在幾個月或幾年後成為頻道上的常青內容。

- **開始你的節目**：最近，班傑推出了〈#VIshow〉，這是每週六早上的直播。在此節目中，他採訪來賓們，了解他們在 YouTube 上的經歷和建議。有時候也會分享自己的訣竅。尚恩則是創造了〈Coffee with Cannell〉，他在節目中會回答問題並採訪使用 StreamYard 的來賓們，同時享用美味的單品咖啡。

- **不要讓科技阻礙你**：直播最強大的地方在於：你可以從預算有限的簡單工具開始，並隨著你的成長進行升級。尚恩在自家辦公室進行〈Coffee with Cannell〉直播節目時，僅僅使用簡單的 USB 麥克風、Cam Link 影像擷取卡、相機和容易上手的 StreamYard 軟體。簡單易操作的科技工具，讓他能獨自拍攝這個節目，並且可以專注於內容和來賓。

  如果你想要知道並學習他的做法，請參考 TubeSecretsBook.com/SimpleLiveSetup。當然，你也可以花大筆預算，建造一間完整的直播工作室，就像班傑在改裝車庫中做的一樣，關於這點可以參考 TubeSecretsBook.com/LiveStudioTour。

- **參與**：觀眾喜歡看見即時的你，所以一定要跟他們互動。大聲喊出在聊天中發表評論的人，以及讚揚經常觀看你節目的觀眾。

- **在你準備好前就開始**：在網路上直播可能會讓人感到害怕，所以如果你很緊張，我們完全理解。直播無法掩飾錯誤，一切都是最原始、真實且未經剪輯的。沒錯，那的確令人害怕，但是我們鼓勵你踏出自己的舒適圈，勇敢嘗試 YouTube 直播。

  你可能會驚訝它對於觀眾參與度和社群建立方面擁有多麼強大的力量。直播將幫助許多創作者在擴大自身影響力和發展上扮演重要的角色，直播甚至將成為未來 10 年 YouTube 上的主導者。不要害怕試探他人的反應，請鼓起勇氣，放手一搏！

YOUTUBE 限時動態

Instagram、Facebook、Twitter 和 LinkedIn 全都配備「限時動態（stories）」功能，讓創作者可以上傳限定時間的 15 秒垂直短片，並將它們分享給自己的追蹤者們，YouTube 最近也加入了「限時動態」的潮流。大多數平台的限時動態只會存在 24 小時，但是 YouTube 的限時動態有其獨特之處——它們 7 天後才會消失。

YouTube 的限時動態可供所有超過 1 萬名訂閱者的頻道使用。一旦你符合資格，只要按下手機應用程式上的「＋」鍵，並選擇「建立限時動態」就可以輕易地創造。上傳一段限時動態後，就可以透過點擊你的頻道圖示在 YouTube 應用程式上觀看該影片。

限時動態會顯示在觀眾的 YouTube 首頁，介於 YouTube 推薦的全長影片之間，也會顯示在你手機應用程式螢幕的上方。這項功能旨在讓創作者們與目前的訂閱者們分享休閒短片與照片，但是它們也可能會被非訂閱戶們看見，因而獲得新的訂閱戶。

此時此刻，你可能會納悶：「YouTube Shorts 和 YouTube 限時動態之間有什麼差別？」讓我們來為你釐清。

YouTube Shorts 是快速、休閒的垂直影片，它們會永遠保留在你的頻道上（除非你動手刪除）。如果你刻意制定策略並發布短影音，那麼它們擁有獲得大量觀眾和接觸新朋友的潛力。**而 YouTube 限時動態會在 7 天後消失**，因此它們更適合用來與訂閱者們建立聯繫。

YOUTUBE 限時動態的訣竅

- **一週上傳一次限時動態**：只需要 15 秒就可快速記錄你的社群更新，或許再多花個 1 分鐘去增加些許文字和貼圖裝飾。

藉由每週至少上傳一次限時動態，你將擁有最好的機會在推薦中名列前茅。大多數創作者都忽略了這項功能，因此，將其謹記在心可替你帶來優勢。

- **利用影片貼圖**：影片貼圖可讓你在 YouTube 上分享自己或其他人的影片連結，但每 7 天只能分享一段自己的影片。你必須要做的只有在 YouTube 應用程式上錄下一段 15 秒的垂直影片，加入一個影片貼圖，然後選擇你想分享的影片。告訴你的社群為什麼你要分享那段影片，並鼓勵他們點擊貼圖觀看。這是種好方法，可以向訂閱者們可能錯過的新內容發送流量，它也可以有效地將人們引導到你頻道中較舊的影片。

- **使用頻道功能 @ 提及**：你可以藉由輸入符號「@」去推薦 YouTube 上的其他頻道。這為什麼有用？因為它可以讓你推薦另一個為你的社群增加價值的頻道，或者你可以交叉宣傳自己的第二個頻道。尚恩主要頻道〈Think Media〉的訂閱者已經成長到超過 180 萬人，但是他最近創建了第二個頻道〈Think Media Podcast〉，他在其中更深入討論關於如何運用你的 YouTube 影響力，去建立可獲利的業務。除了一週使用一次限時動態去推薦主要頻道的一支影片外，他還使用 @ 提及功能去推薦新頻道的影片以及頻道本身，這幫助〈Think Media Podcast〉在短時間內就獲得了 4000 名訂閱者。

YOUTUBE 社群標籤

　　接觸觀眾的最酷新方法之一就是透過社群標籤，這有點像是社群媒體牆（social media wall），可用來發布包含文字、相片和影片連結

的更新。為了解鎖此功能，你至少需要 500 名訂閱者，一旦解鎖它，YouTube 就會傳送通知，但是可能需要一週的時間才能取得權限。

當然，社群標籤也是不必要的。許多創作者從來沒有使用過限時動態、短影音或是社群標籤，也一樣在 YouTube 上實現驚人的成功。然而，這些新功能提供更多加速成長和與觀眾建立更深入聯繫的機會，尤其是當你有策略性地使用它們的時候。

YOUTUBE 社群標籤訣竅

- **投票**：在我們看來，投票是使用社群標籤的最佳方式之一。人們喜歡參與投票，所以投票通常會引出你的訂閱者中最大比例的人數。創造多選題以獲得關於觀眾接下來想要看什麼影片的回饋，或是利用是非題以明確得知他們對於某些主題的想法。這將使你的頻道成為人們關注的焦點，同時為你提供創作內容的寶貴見解。

- **個人更新和圖片**：觀眾會與分享自己價值和信念的創作者們聯繫最深。與此同時，你可以按照個人意願公開或私下分享你的個人生活，將帶有家庭生活的照片更新發布到社群標籤上非常有用。如果你正在停更休息或是度假，別忘了分享相關照片讓你的觀眾知道，你還可以發布即將推出的新內容的幕後花絮，這些都是加深你與訂閱者連結的好方法。

- **宣傳你的影片**：就像限時動態一樣，你可以利用社群標籤發送新上傳或較舊的影片，或是你的觀眾可能會喜愛的其他內容，藉此增加流量。只要點擊「影片」然後加入包含標題和縮圖的連結，就可以輕鬆地在社群上分享影片。然而，為了獲得最大的影響力和參與度，同時也需要把流量傳送給自己的影片，我們建議上傳一個能吸引目光的方形圖像，並把 YouTube 影片的連結放在標題中，另外加上一

則簡短的描述。尚恩每天都會在〈Think Media〉的社群上發布貼文，測試哪種類型的貼文最有效果。有關投票、個人貼文和影片宣傳的一些優秀範本，請檢視尚恩的〈Think Media〉頻道上的社群標籤。記住，如同所有的新功能，這個遊戲名稱叫做「捕捉人們的注意力」，而社群標籤提供你更多方法去達成此目的。

在 YOUTUBE 上賺錢的新方式

　　YouTube 和其他創作平台的區別在於 YouTube 長期可靠的變現工具——AdSense。不過，YouTube 近年來還添加了其他能將你的內容變現的工具，讓我們來看看幾個範例。

超級留言

　　超級留言（Super Chat）是觀眾透過直播或影片首映中的聊天視窗付款給創作者的方式。此外，它還能突顯出付費觀眾的評論並將其置頂。想要解鎖超級留言的功能，你的頻道必須能夠變現並擁有至少 1000 名訂閱者。

　　這有點像是大都市中你所看到在街頭賣藝的音樂家們，當他們在公共場合演奏時，路人可以停下來欣賞音樂，並在打開的吉他盒中留下小費。透過超級留言，觀眾可以留下 1 到 500 美元的小費，聽起來很棒，不是嗎？

　　當你為你的觀眾創作出很棒的內容，並建立一個專門的社群，你的粉絲們會想要支持你，而超級留言是實現這個目標的方式之一。當你正在進行直播時，別忘了提醒他們這項功能，讓他們知道這種表達

感謝的好方法。像 YouTube 專家尼克‧尼明（Nick Nimmin）這樣的創作者，在長達數小時的直播中，便賺取了數百美元。

超級貼圖

與超級留言相似，觀眾可以在一場直播或影片首映時購買超級貼圖（Super Stickers）。超級貼圖是種動畫圖像，可以根據螢幕上發生的狀況表達問候、祝賀、支持或其他情感，它們會顯現在聊天直播中，並且置頂一段時間。

頻道會員資格

觀眾可以透過每月付費的會員資格去加入你的頻道，以享有會員專屬的福利，諸如徽章、表情符號和獨家內容。你可以決定對這些會員資格收取多少費用，以及會員等級的分級。會員資格的費用會因為不同國家而有差異，美國的費用範圍是一個月 0.99 美元到 99.99 美元。撰寫本書第二版期間，YouTube 要求參與合作夥伴計畫（Partner Program），並且擁有至少 3 萬名訂閱者才有資格獲得頻道會員。

艾蜜莉‧貝克的頻道提供三種會員資格：支持者（5 美元／月，Supporter）、愛好者（10 美元／月，Enthusiast）和倡導者（25 美元／月，Advocate）。支持者可以擁有特別聊天功能，愛好者可以聊天加上特別直播，最高級別的倡導者則是可以聊天、直播和使用 Zoom 與艾蜜莉進行私人通話。她的會員甚至還能獲得忠誠徽章和自訂表情符號，這些可以在她的公開直播中使用，象徵他們是她「法律書呆子」核心圈的一部分。

我們的朋友大衛‧福斯特（David Foster）擁有一個名為〈Morning Invest〉的頻道，他在上面與他的共同主持人克萊頓‧莫里斯（Clayton

Morris）一起分享進步新聞和金融資訊。他們每日的直播節目為忠實觀眾提供會員資格，可以享受折扣商品和獨家直播。會員資格的收費範圍從 1.99 到 50 美元，雖然大部分觀眾選擇最低的會員等級，但是隨著會員人數達到 5000 名，加上每天新加入的二十多名會員，單憑販售會員資格，就替他們帶來了額外五位數的收入。

商店和商品貨架

YouTube 與 Teespring 等公司合作，讓你可以製作商品並在你的頻道上銷售。你可以保留一定比例的利潤，而商品會顯示在影片正下方的視窗中。

為了獲得此功能，你必須參與合作夥伴計畫並擁有至少 3000 名訂閱者。當涉及社群準則時，你還必須沒有任何不良紀錄。因此，請避免你的頻道違反規範而遭受任何攻擊。

YouTube 一直在快速增加新的商品平台，例如：Spreadshop、Spring（Spri.ng）和 Suzuri。撰寫本文時，已經有超過 25 家零售商與 YouTube 的商品貨架整合。創作自己的商品可以讓你表達創意、建立社群和為你的線上業務創造額外收入，只是要確定觀眾能知道商品何時有貨。在你的影片中穿戴你的帽子、T 恤、帽 T 和其他服飾也是宣傳的好辦法，同時提醒觀眾注意你的商品。

YOUTUBE CUT 是什麼？

蘇珊・沃西基（Susan Wojcicki）是 YouTube 的前執行長，她於 2021 年 1 月寫過一封信，標題為「我們 2021 年的優先事項（Our 2021 Priorities）」，信中寫道：「創作者和藝術家們正在尋找其他新方法來與觀眾建立聯繫，並且使他們的收入多樣化。大部分收入來自

超級留言、超級貼圖或是 YouTube 頻道會員資格的頻道數量在去年增加了三倍。」

儘管 YouTube 這些新的變現功能令人讚嘆，但它們也是需要付出代價的。舉例來說，頻道會員資格可以讓創作者免費使用，但是 YouTube 會收取 30% 的利潤。因此，如果你的會員費每個月是 10 元，而你擁有 100 名會員，那麼你每個月將產生 1000 美元的利潤。然而，YouTube 會拿走 300 美元，你只能得到 700 美元。超級留言和超級貼圖同樣也是這種七三分法，這種分潤比例很可能適用於 YouTube 未來添加的任何新功能。

我們建議計算使用這些功能的成本，並將其與替代方案進行比較。例如：Patreon 是一個受歡迎的第三方平台，創作者可以透過提供支持者福利和獨家內容來建立每月收入的基礎，YouTube 抽取 30%，但 Patreon 只抽取收入的 10%，這筆費用會進一步分成 5% 的平台費和 5% 的支付處理費。

若你使用 YouTube 會員資格，使每月的會員收入成長到 10 萬美元，那麼將會有 3 萬美元的收入被 YouTube 抽走，但是 Patreon 只會拿取 1 萬美元，這樣你的口袋裡會多很多錢。雖然 YouTube 確實允許你推廣 Patreon 等第三方，甚至是你的網站，但將流量從 YouTube 轉移出去可能不會令演算法滿意。此外，如果你不把所有功能集中在一個平台下，那麼要從 YouTube 轉移你的超級粉絲可能會更困難。

我們不是在評斷使用第三方工具會更好或更糟，只是鼓勵你對決定使用的工具（包括收入份額）進行優缺點的研究和分析。除了 Patreon 外，其他像 SubscribeStar、Ko-Fi 和 Buy Me a Coffee 等等，新工具仍持續被創造出來。創作者經濟正在快速成長，透過 YouTube 和第三方開發者，你的內容變現方式比起以往任何時候都多。

YOUTUBE 應用程式

　　如果你已有一段時間不曾更新過 YouTube 應用程式，那麼你或許應該更新一下。為什麼？

　　第一，你可以從使用行動裝置的觀眾的角度去體驗 YouTube 影片、短影音、限時動態和社群，以獲得利用這些功能去創作內容的見解。第二，透過更新目前的 YouTube 應用程式，你將有權限使用所有新功能，以及額外的調整與內容創建工具。

YOUTUBE 工作室應用程式

　　正式的 YouTube 工作室應用程式（YouTube Studio app，與一般 YouTube 應用程式有所區別）讓你能更輕易且快速地管理你的頻道。我們認為這對於創作者和頻道主來說是必要的。你可以透過此應用程式查看最新統計數據、回應評論、上傳自訂影片縮圖、安排影片更新時程、獲取通知等等。

　　與 Instagram 和 TikTok 等競爭者的應用程式不同，YouTube 提供更全面性的分析，提供你對於觀眾見解的最佳認識和影片數據，幫助你優化內容。記得「完美影片食譜」中討論過的資料分析嗎？——例如點選率和平均觀看時間——在此應用程式中你都能夠看到。

　　此外，YouTube 持續更新應用程式，提供更多與你的頻道表現有關的資料分析，如此一來，你下一次上傳的內容就可以根據那些數據去做決定。

兒童 YOUTUBE 應用程式

　　這款應用程式是特別設計給 13 歲以下的孩童，為他們提供觀看

相關內容的安全選項。此應用程式上可訪問的頻道和影片都被認為適合該年齡範圍的觀眾。

兒童應用程式（Kids app）並不是一個內容創作工具，而是一個研究兒童友善內容如何被傳播和推薦的好方式。它目前已經非常流行。根據分析公司 Apptopia 的報告，兒童 YouTube 在收視率方面擊敗了其他 34 家服務平台，其中包括 Netflix、Twitch、Disney+、Hulu、亞馬遜的 Prime Video 及其本身的母應用程式。你可以仔細想想，全世界所有使用 Netflix 的人有多少，但事實上有更多人在使用兒童 YouTube 應用程式，這絕對是一個巨大的機會！

這是最新的發展趨勢。孩子們一直以來都很喜歡 YouTube，但是兒童應用程式在 2020 年「應用程式花費時間」中排名第一，因此它的受歡迎程度明顯成長更快了。

請記得，今天使用兒童 YouTube 應用程式的年輕人們將會是明日正規 YouTube 平台的顧客（和創作者）。

評估機會，但不要分散注意力

做為一名 YouTube 創作者，最大敵人是欠缺焦點。新的創作者們經常陷入這個陷阱。即使是已成熟的創作者也會因為過於分散而失去優勢。本章提到的新機會是真實的，但是可能不適合你的頻道。

如果你想在每週發布兩支影片、兩段短影音，進行一次直播；每天在社群標籤上進行觀眾調查，定期發布限時動態，還要規律地在 Instagram、TikTok、Facebook 和 Twitter 上貼文，那麼你很快就會感到身心俱疲，你的內容品質也將惡化。

想依靠你的 YouTube 頻道建立真實的業務，在創作內容的時候，就必須完成許多幕後工作。如果你精疲力盡，那麼很多幕後工作會無法完成。

哪些是你應該利用的新機會，哪些不適合你？為了幫助你決定現在應該優先嘗試和不該使用哪些工具，我們提供了幾個明確的問題供你參考。

1. 你每週可以致力於 YouTube 和線上業務的時間有多少？
2. 你可以停止哪些沒有成果的事，以便將時間投入嘗試新機會？
3. 誰是你的理想觀眾，可以接觸到他們的最佳內容形式是什麼？
4. 你可以向誰尋求協助，並委派任務和責任給那個人，以便挪出更多時間？
5. 現在該雇用兼職或全職員工來替你分擔一些行政工作、影片編輯或 YouTube 的頻道管理嗎？
6. 什麼時候可以空出時間測試和體驗 YouTube Shorts 和 YouTube 直播？
7. 在你的利基市場或類別中，是否有任何頻道透過其中一種新功能取得卓越的成果？
8. 現在你的頻道上，哪部影片得到最多觀看次數和替你創造最多收入？在開始新的嘗試之前，你應該對有效的事繼續加碼嗎？

這些問題可能不容易回答。身為內容創作者，我們不斷地處理競爭事物之間的矛盾。

舉例來說，我們一週的可用時間和即將到來的額外機會之間存在著矛盾；長期保持健康的節奏和犧牲睡眠以跟上新趨勢之間存在著矛

盾；堅持久經考驗的形式和擴展新內容形式之間存在著矛盾；重心放在使你的 YouTube 業務獲利和短暫休息、專注於家庭與個人之間也存在著矛盾。

花時間反思這些值得釐清的問題，然後為你在 YouTube 上的下一季業務制定簡單的行動計畫。如同理查・布蘭森（Richard Branson）所說的：「商機就像公車，總會有另一部來。」不要屈服於 FOMO：錯失恐懼（fear of missing out）的威脅。

追隨 YouTube 的最新趨勢可能具有戰略意義，但也可能會分散你的注意力。

我們在面臨新機會時喜歡使用的最後一個架構是來自我們的朋友——蓋瑞・范納洽。他建議釐清自己每週有多少時間能處理業務或副業，然後用 80% 的時間專注於今天能產生成果的任務和活動；其他 20% 則用於研究和發展新的機會。

經由這種 80／20 方式，你將能夠持續發展你的線上業務，同時為明天做好準備。

在 YouTube 和社群媒體快速變動的世界裡，沒有什麼能保證不變。你必須承擔新功能和新平台的風險，因為它們可能會帶來回報，拯救你免於經歷跟百事達一樣的命運。

話又說回來，風險也可能會導致死胡同，但至少你在這個過程中會學習到很多新知。

而且，你只有花 20% 的時間在嘗試，所以現在你可以直接開始下一個嘗試。

接下來的 10 年，YouTube 將充滿不容錯過的新機會，所以請決定哪些新功能可能與你、你的頻道和你的觀眾有關，並且開始大膽實驗！不要錯過 YouTube 替內容創作者儲備的機會！

注意！

專注力是現今最珍貴、最搶手的商品。

但為什麼會珍貴、搶手？因為你的對手太多了。現代人一天獲得的資訊，1000年前的人得花一輩子消化，別說是電視、電影，或是手機遊戲了，光是影音平台，你就有太多對手。所以，不要去想爭取10分鐘「就好」，你的第一個機會只有3秒鐘，然後是15秒。

重點整理

- 不是所有閃閃發亮的新工具都適合你。
- 思考如何利用短影音——想想如何拆解現有的影片。
- YouTube Shorts 提供非常多機會，但仍需要你持續經營。
- 挑戰直播，但不要等到你準備好了——就像你拍攝第一部 YouTube 影片一樣。
- 弄清楚、然後熟練 YouTube 的各種好用工具。
- 用限動與標籤吸引觀眾的注意力；透過頻道會員、斗內或銷售商品獲利。
- 還以為 YouTube 上只能看影片、投廣告嗎？為了你的獲利，你應該透過這些工具評估影片效益、獲利方式，甚至是你投入的方式是否需要改善。
- 當然，還有風險。在過去、現在與未來都是。

最後的祕訣和策略

湯瑪斯・愛迪生（Thomas Edison）被許多人尊崇為美國最偉大的發明家，他開發出許多對世界各地的生活產生重大影響的設備，包括留聲機、電影攝影機（motion picture camera）和持久實用的電燈泡。據說，他還因為以下的一句話而知名：「大多數人會錯失機會，因為它穿著工作褲，而且它看起來就像是工作。」

讀完本書，希望你能看清楚：我們生活在人類歷史上最偉大的時代之一。透過免費平台和低成本的工具，網路影片能提供與世界各地的人們聯繫的機會，這是我們的祖父母輩做夢也想不到的。然而，在機會龐大的時代，採取大規模的行動也非常重要。

在我們說再見之前（然後你就可以開始進行頻道上的工作了），我們想要分享幾個最後的祕訣和策略，這樣你就可以充分抓住出現在你面前的機會。

對 YOUTUBE 上成功的最大誤解

作為一名 YouTube 影響者，看起來好像一切都充滿樂趣。然而，我們可以從經驗告訴你，每個 YouTube 創作者、影響者和成功的故事都具有一個共通的特點：令人讚嘆的敬業。包括我們在內，創作者們除了忙碌還是忙碌，我們可以提供的最重要建議是：**一切的成功都取決於你在這個平台上的努力程度。**

人們低估了成功所需付出的工作量。YouTube 的成功具有誤導性，如果你成功了，你可以賺錢、獲得免費產品、環遊世界和擁有令人興奮、快活的生活──在外人眼中，的確如此。

在採訪過今日頂尖的影片影響者後，我們看到一個反覆出現的主題：他們所有人為了自己的頻道都投入了極大量的心血。當我們談到忙碌，我們指的是持續不斷創作和提升、改善你的內容，持續與人們互動和持續學習與進步。

班傑的 Vlog 頻道擁有超過 180 萬名訂閱者，有許多人觀看頻道內容，也替我們開啟許多機會之門。他對所發生的一切都非常感激，但在與孩子們度過了愉快的時光或去了很棒的地方旅行之後，他仍必須進行影片的編輯工作──每晚都要，每天都有業務需要處理，而且每天都必須從頭開始。

當訂閱者偶然發現我們的頻道時，他們可能不知道我們經營 YouTube 已經 10 年了，這段歲月中，我們上傳了數千部影片。過去 6 年，我們幾乎每一天都會發布新的 Vlog 內容。綜合兩個頻道，我們上傳了成千上萬的影片。

透過決心、承諾和正確的策略，你也可以利用 YouTube 的力量去經歷巨大的成功。在本書中，我們已提供你步驟。

本書的第一部分，我們談論「7C」，當你在 YouTube 上擴大影響力的各個階段中，你必須不斷地這樣做──總是發揮新的**勇氣**；總是**釐清**和完善你的訊息和品牌；總是改進你的頻道；總是增進你的**內容**；總是與你的**社群**互動；總是尋找新的**賺錢**方式，以及總是保持一**致性**，持續意識到你必須不斷努力才能邁向成功。

本書第二部分，我們分享用於發展頻道的可行策略和創意，包括完美影片食譜、利用趨勢、提高你的影片排名和與其他創作者合作。

現在，你已經明白需要付出大量努力才能在 YouTube 上建立影響力，而這就是為什麼我們鼓勵你依靠自己喜歡的內容去建立影響力的原因。「如果你做喜愛的事，你的一生就等於從未工作。」當然，你會疲倦，也會感到辛苦，但是全心投入你所愛的事會讓一切值得。

你喜愛什麼？

這是你想要做的嗎？這是你的熱情所在嗎？對某些人來說，YouTube 是達到目的的手段，是他們實現真正使命的墊腳石。然而，對於你創作的內容和你幫助的人們抱持熱情與愛真的非常重要。

儘管班傑的房地產頻道非常成功，但是他已不再是該行業的經紀人。他離開是因為他只把該頻道視為前往正確方向中的一塊墊腳石，它滋養了他真正的熱情，也就是幫助人們……幫助你。這就是我們為什麼能成為好友，我們共享相似的熱情和使命，這也是我們寫這本書的原因。

談到房地產，2020 年，一位名叫列維・拉斯卡克（Levi Lascsak）的創業家拿起了我們第一版的書。他讀了班傑的故事，並將其應用到他作為房地產經紀人的新職業中。

他開始分享關於德州達拉斯的房產市場資訊，並拍攝鄰近社區的旅遊影片，但他的影片只有獲得幾百到幾千次的觀看次數。儘管影片觀看數不高，看似無法留下深刻印象，也沒能讓他「在網路上出名」，但他藉此開發了數百位有效的潛在客戶，並成功將觀眾轉化為房地產業務的買家和賣家。這為他和他的商業夥伴崔維斯・普倫布（Travis Plumb）在進入該行業的第一年就帶來了 100 萬美元的收入。

沒有付費廣告，沒有電話推銷，沒有爆紅影片，只有少於 5000 名的訂閱者。

不到一年的時間就產生超過 100 萬美元的房地產佣金。

列維的故事證明，**開始 YouTube 永遠不嫌晚，而且不需要百萬訂閱才能成功**。你只需要從混亂開始，努力工作，並不斷學習。那事情總會順利嗎？當然不會。你可能需要堅持更長的時間或調整你的策略。如果你正在苦苦掙扎，問問自己是否真的在從事自己喜愛的事？你接收了大量資訊，你可能感到不知所措。那麼，請將你得到的知識拆解開來，並思考接下來必須怎麼做。

或許是開始創建你的頻道；或許是發布你的第一支影片；或許是安排一天去拍攝下一批內容。對這些小行動做出承諾，會帶來巨大的成果，要知道，一點一點，涓涓細流也能匯成江海。

什麼時候才會成功？

每個人的時間表都不一樣，一切都取決於你的內容類型、觀眾組成、業務模式、你願意付出的努力程度，以及你的學習速度。

胸懷大志，始終保持耐心。正如那句俗話：「台上一分鐘，台下十年功。」也許不必花上那麼久，但是有可能某些人的成功來得很快，但對其他人來說，可能需要更長的時間。

永遠記得，不要落入拿自己與他人比較的陷阱中，你正走在自己的道路上，**你是在跟自己賽跑**。

科技頻道〈BarnaculesNerdgasm〉的傑瑞（Jerry）直到職涯第 7 年才取得突破性的成功。〈Growing Your Greens〉的約翰・柯勒（John

Kohler）在他的頻道大受歡迎並經歷巨大成長之前，在 YouTube 上持續緩慢發展了數年。茱蒂・崔維斯（Judy Travis）花了 2 年上傳影片，並且被 YouTube 合作夥伴計畫拒絕了三次，才終於能夠從她的頻道獲利，然後又花了 1 年，才總算把 YouTube 業務提升為全職工作。

成就偉大需要時間，儘管我們不相信有什麼偉大的事情是可以快速實現的，但如果你應用我們為你提供的策略，就可以節省大量時間、避免陷阱，並充分利用你投入的精力。

要一直學新東西

雖然我們快要抵達本書的尾聲，但這只是我們共同旅程的起點。我們希望邀請你成為〈Video Influencers〉線上社群的一員。

在我們的 YouTube 頻道上，我們還分享了更多策略與訣竅，它就像是間完全免費的 YouTube 大學，你可以隨時入學並習得新知。此外，我們鼓勵你觀看我們採訪來自世界各地的其他 YouTuber、老闆、企業家和創作者的影片，以學習他們的最佳策略，幫助你利用影片擴大自己的影響力。

此外，在附錄中，我們收錄了一些最常被問到的問題。我們也分享了更深入培訓的快速訣竅與連結，這些都是免費資源。

永遠記得你的「為什麼」。靈感可以是能量的火花，動機可以讓你一早就充滿活力，但是驅動力才會使你持續前進。驅動力是由你的「為什麼」所創造，為什麼你要創作影片？為什麼你想擁有一個 YouTube 頻道？為什麼你想要在這個平台成功？

永遠把服務你的觀眾當成首要任務，而且永遠不要忘記自己的初

衷。你創建頻道的最終目的與你無關，而是與在鏡頭和網路連線另一端、透過裝置觀看你的影片的人們有關。你最終是在創造改變人們生活的內容，所以如果你感到灰心沮喪，請永遠把觀眾放在心裡。

在本書中，你已經有所學習，此時此刻 YouTube 這個秘密社會和次文化將為你提供巨大機會。我們與你分享了影響者們的秘訣，他們正在取得成果，並且以自己的方式創造生活、業務和品牌，同時從事自己喜愛的事。

但是切記：YouTube 是一場馬拉松，不是短跑衝刺。你應該專注於你的願景並努力工作，時時創作你的內容，持續建立你的影響力和收入。

| 附錄 1 |

　　我們一直以來都會收到許多問題，而我們已經盡最大的力量將最佳秘訣和策略收錄於本書中。然而，還是可能有些遺珠，所以我們想要分享最常被問到的問題，並且提供簡潔的答案，以及你可以在網路上找到的其他資源。

如何獲得更多訂閱者和觀看次數？

　　這是截至目前為止我們最常聽到的問題。我們的建議是：應用你在本書中學到的一切，堅持策略並持續執行。如果你想獲得更多，可以在我們的 YouTube 頻道上查看此目錄：TubeSecretsBook.com/Grow。

如何建立在鏡頭前的自信？

　　你對於自己的主題愈了解和愈熱情，你在鏡頭前就會愈有自信。
　　除此之外，練習是必要的。你在鏡頭前錄製、編輯和上傳影片的次數愈多，你的表現就會愈好。沒有任何運動員或音樂家能在第一天就表現完美，所以不要太苛責自己。只要記得：練習，會帶來進步。你可以觀看我們的最佳影片和技巧，以建立你面對鏡頭的自信：TubeSecretsBook.com/Confidence。

如何繼續堅持、繼續更新？

成就偉大需要時間，成果不會一夕出現。如同在健身房中鍛鍊一樣，你不會得到立即且看得見的結果，它需要時間和一致性。關於我們維持動機的最佳秘訣，以及我們使用的心態妙招和日常實踐，請查看以下的影片播放清單：TubeSecretsBook.com/Motivation。

該如何處理黑特、酸民和負評？

處理黑特、酸民和負面評論時，你首先要做的是調整心態，準備好面對它們。

這是所有創作者都會遇到的狀況，從新手 YouTuber 到成熟的創作者，甚至是超級明星皆如此，處理負面評論就是現實生活。針對處理黑特和負面評論的實用性策略，你可以查看這些影片：TubeSecretsBook.com/Haters。

如何成為一名日常 Vlogger？

隨著時間過去，Vlog 一年比一年受歡迎，因此，我們完全了解你為什麼渴望成為一名日常 Vlogger。然而，這不是一條輕鬆的道路，身為一名成功的 Vlogger 會面臨各種獨特的挑戰。

成為 Vlogger 不一定要從 Vlog 頻道開始，許多成功的 Vlogger 是因為其影片內容而變得知名，然後才開始經營日常 Vlog。如果這是

你追求的目標，我會建議你可以看看一些今日頂尖 Vlogger 的採訪：TubeSecretsBook.com/Vlog。

該如何累積前 100 位訂閱者？

獲得前 100 位訂閱者就像請家人和朋友支持般簡單。在 Facebook 上，每人平均朋友數量為 250 個，通常只需一則私訊、電子郵件或電話即可獲得願意支持你的人。關於在 YouTube 上吸引前 100 位訂閱者的具體策略，可以查看這段影片：TubeSecretsBook.com/First100。

買哪一款相機？

雖然我了解一台好品質相機的重要性，但是影片內容絕對更重要。對大部分的人來說，我們建議使用智慧型手機其實就足夠了。你講述的故事和添加的內容永遠比你使用的科技重要。我們可以給你的最好資源就是尚恩的頻道──〈Think Media〉，它聚焦於創作內容的影片產品、直播、設備、影片編輯和技巧。你可以透過以下網址查看此影片：TubeSecretsBook.com/ThinkMedia。

找「哏」的技術

如同作家面對寫作停滯期一樣，YouTuber 也會經歷「影片創意停

滯期」。這是我們所有人都會遭遇的困境。我們會保留一份供自己參考的影片創意清單，這樣無論何時遇到「影片創意停滯期」都不需要擔心。

如果在發想影片創意時，你感到自己卡住了或是變不出新把戲，我們鼓勵你查看以下〈Video Influencers〉的一系列秘訣，以補充你的影片創意：TubeSecretsBook.com/Ideas。

可以從哪裡學習影片編輯？

學習如何編輯就跟入門一樣簡單。班傑一開始使用的是自己的筆記型電腦預先安裝的最基礎編輯程式。他最初毫無任何基礎，從剪接場景開始學起。

練習造就完美。你可以參考我們為每台裝置建議的影片編輯應用程式和軟體：

- 如果從你的智慧型手機開始，使用 InShot 是一個好方法。TubeSecretsBook.com/InShot。
- 如果你正在使用 iPad，我們喜歡 LumaFusion，不過它也適用於 iPhone。TubeSecretsBook.com/LumaFusion。
- 如果你才剛剛開始使用蘋果電腦，那麼我們建議 iMovie。TubeSecretsBook.com/iMovie。
- 如果你使用蘋果電腦並希望有更多編輯功能，我們建議 Final Cut X。TubeSecretsBook.com/FinalCutX。
- 如果你使用桌上型電腦，我們建議 Adobe Premiere Pro。TubeSecretsBook.com/AdobePremiere。

你們的合作祕訣是什麼？

合作是發展頻道的最好方式之一，所以我們建議重讀本書中關於合作的章節。你可能會納悶我們為什麼能夠採訪那麼多頂尖的影片影響者。關於讓人們與你合作的具體策略，可以查看以下播放清單：TubeSecretsBook.com/Collab。

想要與尚恩和班傑聯絡嗎？

自從我們出版本書第一版以來，這是一段瘋狂的旅程。本書已經成為全球第一暢銷的 YouTube 策略書籍。到目前為止，它已被翻譯為多國語文。無論你是從一開始就參與了我們的旅程、或是在過去幾年中發現我們的影片、還是在書店或網路書店中隨機購買本書，我們都感謝你的時間和支持。

過去幾年，班傑和他的妻子茱蒂已經突破了 10 億次觀看次數的門檻，並且在經營了 10 年的 YouTube 頻道上，仍持續每天更新影片。他們現在擁有四名美麗的女兒，居住在華盛頓州的西雅圖。此時，尚恩和他的妻子索妮雅正迎來他們的第一個孩子。

聯絡班傑的最佳方式是拜訪 BenjiTravis.com，或是追蹤社群媒體上的 @BenjiManTV 帳號。他為那些希望在創作者經濟中發展自己品牌和業務的全職網紅們提供 30 分鐘的免費諮詢電話。此外，他也樂於在活動中演說和作為數位會議及培訓的嘉賓。

聯絡尚恩的最佳方式為 SeanCannell.com，在此網站上可以找到許多在 YouTube 上加速成功的免費資源，以及依靠你的線上影響

力建立盈利業務的技巧。你也可以輕鬆地提出演講和採訪請求，並且獲得關於他的培訓和活動資訊。在相關社群媒體上，尚恩最活躍於 Instagram 並樂於與你聯繫。標記 @SeanCannell 並使用主題標籤 #YouTubeSecrets，他就可以重新分享你的貼文或故事。

未來 10 年將是 YouTube 的黃金 10 年。現在正是你的時代，而我們將在這邊提供協助。祝福你成功！

| 附錄 2 |

自我評估表

這裡是一些可以幫助你的表格，如果你想加入 YouTube，卻還是不知道如何著手，這些表格或許可以幫助你。

【起點】
如何開始你的YouTube頻道？

Step1　你擅長什麼？　　　　　　我擅長：
　　　　如果你覺得自己沒有擅　　・
　　　　長的事，沒關係，請看　　・
　　　　step2　　　　　　　　　　・
　　　　　　　　　　　　　　　　・

Step2　你喜歡什麼？　　　　　　我喜歡：
　　　　喜歡什麼都可以！先寫　　・
　　　　下來　　　　　　　　　　・
　　　　　　　　　　　　　　　　・
　　　　　　　　　　　　　　　　・

Step3　所以你想要與其他人分享　我想讓大家看看：
　　　　什麼？　　　　　　　　　・
　　　　不要覺得「這沒什麼」　　・
　　　　「很無聊」，先寫下來　　・
　　　　　　　　　　　　　　　　・

Step4　你有喜歡的YouTuber嗎？　我喜歡的YouTuber是：
　　　　不管是誰都可以，性質　　・
　　　　差很多也沒關係　　　　　・
　　　　　　　　　　　　　　　　・
　　　　　　　　　　　　　　　　・

Step5	你想以什麼形式來和大家分享？	我覺得或許可以：
	先不管會不會很難，寫下你理想的形式；想不出來的話，回到Step4，看看你喜歡的YouTuber怎麼做	□在鏡頭前聊一聊 □在鏡頭前示範 □我得拍成完整的教學影片 □直播
Step6	你有什麼工具？	我手邊有的工具是：
	盤點一下，你手邊有什麼工具！	□蘋果手機 □安卓手機 □我有的軟體（我有的軟體是：＿＿＿＿＿＿＿＿＿＿） □燈光工具（我有的工具是：＿＿＿＿＿＿＿＿＿＿） □攝影機（我的攝影機是：＿＿＿＿＿＿＿＿＿＿） □拍攝場地（你應該不至於有一個攝影棚，或者你會想在你的房間、或廚房、飯桌等地方進行拍攝？） □專門的器具（好看的餐盤？很炫的樣品？引以為傲的收藏？你可以寫下來：＿＿＿＿＿＿＿＿＿＿）
Step7	接下來，拍攝影片吧！	・我想拍＿＿＿＿分鐘的影片。
	想一想，你應該先思考什麼問題？	・我會自行剪輯嗎？或者我有可以尋求協助的對象、或我知道什麼教學網站嗎？ ・我將在接下來一年內發表多少影片？平均間隔多久？ ・我將在＿月＿日上傳我的第一支影片！

當我製作完一支影片，
上傳後我還應該做什麼事？

製作完一支影片、上傳後，你絕對該為這支影片多做一些事！用這張表格幫你規劃接下來日程，別浪費你的心血！這也會幫助影片獲得更高的曝光與參與度。

我已經在__月__日上傳_____，接下來，我還要做什麼？

第1件事 — **限時動態**（YouTube Stories）
每週至少發布一次15秒的限時動態來更新頻道狀況或宣傳你的影片。
- ☐ 我已經做了！
- ☐ 我計畫在__月__日進行
- ☐ 而且計畫在以下時間重複曝光、上架，或是重新剪輯

_____

第2件事 — **YouTube Shorts 短片**
將主要影片中的精彩部分重新剪輯為短片，並上傳至 YouTube Shorts。短片不僅能接觸新的觀眾，還能大幅提升觀看次數。
- ☐ 我已經做了！
- ☐ 我計畫在__月__日進行
- ☐ 而且計畫在以下時間重複曝光、上架，或是重新剪輯

_____

第3件事 — **推薦其他影片**
在影片結尾的最後插入推薦卡片，引導觀眾觀看更多內容，延長觀看時間並提升整體流量。
- ☐ 我已經做了！
- ☐ 我計畫在__月__日進行
- ☐ 而且計畫在以下時間重複曝光、上架，或是重新剪輯

_____

第4件事 — **@其他人，或你自己**
交叉宣傳影片描述中提及到的其他相關頻道，或為自己的次頻道引流，增加曝光和互動。
- ☐ 我已經做了！
- ☐ 我計畫在__月__日進行
- ☐ 而且計畫在以下時間重複曝光、上架

_____

第5件事	**發布社群標籤貼文** 定期分享到Instagram、X、Facebook等平台，吸引外部的流量進入，並搭配有吸引力的截圖和影片連結來引導觀看。	□我已經做了！ □我計畫在__月__日進行 □而且計畫在以下時間重複曝光、上架，或是重新剪輯（精華版或合輯）
第6件事	**用限動回顧影片** 用限動來提醒觀眾，重點是要推廣那些可能被忽略的舊影片。	□我已經做了！ □我計畫在__月__日進行 □而且計畫在以下的時間重複曝光、上架
第7件事	**進行 YouTube 直播** 與觀眾即時互動，增加參與感，並可同時為頻道帶來抖內等收入。	□我已經做了！ □我計畫在__月__日進行 □而且計畫在以下的時間重複曝光、上架，或是重新剪輯（精華版或合輯）
第8件事	**發布幕後花絮或預告** 在社群標籤中分享影片製作的幕後花絮或即將推出的影片片段，吸引粉絲期待並提升分享影片至其他社群媒體平台。	□我已經做了！ □我計畫在__月__日進行 □而且計畫在以下的時間重複曝光、上架，或是重新剪輯（精華版或合輯）
第9件事	**SEO（搜尋引擎最佳化）** 確保影片標題、標籤和描述中包含關鍵字，使影片更容易被搜尋引擎和 YouTube 推薦系統找到。	□我已經做了！ □我計畫在__月__日進行 □而且計畫在以下時間重複曝光、上架，或是重新調整
第10件事	**建立播放清單** 將相似或相關主題的影片編入播放清單，增加觀眾連續觀看的機會，並優化影片在搜尋中的曝光率。	□我已經做了！ □我計畫在__月__日進行 □而且計畫在以下時間重複曝光、上架，或是重新調整